区域地理论丛

QUYUDILILUNCONG

2009年专辑

北京师范大学"区域地理国家级教学团队"◎ 组编

北京师范大学出版集团
BEIJING NORMAL UNIVERSITY PUBLISHING GROUP
北京师范大学出版社

图书在版编目(CIP)数据

区域地理论丛 . 2009年专辑 / 宋金平主编. —北京：北京师范大学出版社，2010. 12
ISBN 978-7-303-11585-3

Ⅰ. ①区… Ⅱ. ①宋… Ⅲ. ①区域地理学—丛刊
Ⅳ. ①P94－55

中国版本图书馆 CIP 数据核字（2010）第 194334 号

营销中心电话	010-58802181 58808006
北师大出版社高等教育分社网	http://gaojiao.bnup.com.cn
电子信箱	beishida168@126.com

出版发行：	北京师范大学出版社　www.bnup.com.cn
	北京新街口外大街 19 号
	邮政编码：100875
印　　刷：	北京嘉实印刷有限公司
经　　销：	全国新华书店
开　　本：	184 mm × 260 mm
印　　张：	9.75
字　　数：	225千字
版　　次：	2010 年 12 月第 1 版
印　　次：	2010 年 12 月第 1 次印刷
定　　价：	22.00 元

策划编辑：胡廷兰	责任编辑：胡廷兰
美术编辑：毛佳	装帧设计：毛　佳
责任校对：李　菡	责任印制：李　啸

版权所有　侵权必究

反盗版、侵权举报电话：010—58800697
北京读者服务部电话：010—58808104
外埠邮购电话：010—58808083
本书如有印装质量问题，请与印制管理部联系调换。
印制管理部电话：010—58800825

《区域地理论丛》(2009 年专辑)
编辑委员会

总 主 编：王静爱

执 行 主 编：宋金平

执行副主编：朱华晟　岳耀杰

成员(以汉语拼音为序)：

程连生	陈宗兴	方修琦	李华章
李容全	梁进社	陆大道	邱维理
任森厚	史培军	宋金平	苏　筠
唐晓峰	王恩涌	王静爱	吴殿廷
武吉华	邬翊光	叶　瑜	岳耀杰
张兰生	张文新	赵　济	郑　度
朱华晟	朱　良	朱　青	周尚意

序　言

　　教学团队建设旨在提高我国高等学校教师素质和教学能力，促进高等教育教学质量的科学改进与提高。2007 年，教育部等颁发了《教育部、财政部关于实施高等学校本科教学质量与教学改革工程的意见》的文件，在全国高校范围内，评选首批百个国家级教学团队，北京师范大学"区域地理国家级教学团队"和兰州大学"地球系统科学国家级教学团队"名列其中。2008～2010 年是教育部首批国家级教学团队建设的关键时期，《区域地理论丛》正是北京师范大学"区域地理国家级教学团队"实施这一工程的集体成果之一。

　　《区域地理论丛》的目标，是探索区域地理学的基本问题，它以不同空间尺度的人地关系地域系统为研究对象，阐明区域景观、格局与过程，凸显人口、资源、环境和区域的可持续发展。在理论层面上，区域地理是地理学的核心内容，也是历久弥新的领域。在教学实践上，区域地理是地理学教学的切入点和归宿，能够集中体现地理学的综合性和地域性，融自然地理、人文地理和应用地理于区域地球表层系统的综合观察和分析之中，将地理学理论渗透到实践应用之中，更是高校地理类专业培养学生综合地理思维的重要内容。在社会应用上，区域地理面向国家社会经济发展的重大需求，适合开展国情教育；区域地理同时也面向经济全球化浪潮的碰撞和冲击，为政府主导下的多元区域发展提供科技支撑。总之，区域地理可以成为地理学各分支学科在不同空间尺度下的耦合系统，也是统筹各地理分支学科协调发展的重要平台。

　　区域地理教学团队以建设专业水平高、教学能力强、结构合理的师资队伍为重点，以提升专业教学内容和优化专业教学方法为攻关任务。近年来，在加强区域地理教学团队的建设过程中，我们已尝试完成了部分工作，并取得了初步成效：组织编写区域地理系列教材，开通团队—课程网络，定期举办"区域地理教学沙龙"，以及出版这套《区域地理论丛》。相信《区域地理论丛》的编撰出版，可以为展现和汇报北京师范大学区域地理教学团队建设的成果发挥特殊作用。《区域地理论丛》的成果形式有两种：一种是年度专辑，为年报性质，以总结年度区域地理的重要事件和相关教学科研动态为主；一种是专刊，为专题研究类，以出版区域地理教学科研中的专项课题成果为主，拟设 6 期，按专题分册，各分册执行主编分别由北京师范大学"区域地理国家级教学团队"成员中的教授担任。

　　《区域地理论丛》的创办和发展，以科学发展观为指导，在加强北京师范大学区域地理教学团队自我建设的同时，努力促成校内与校外互动、国内高校同行之间的教学与科研互动。欢迎各地理学科的教学团队、从事区域地理教学与研究的教师和学者，以及关注区域地理发展的高校师生参与和撰稿。希望《区域地理论丛》可以促进所有同行携手，广泛汲取营养，共创辉煌。希望经过大家的共同奋斗，能在高校区域地理教学同行中搭建一个成果集成的框架，能积极适应和服务于国家经济社会的重大建设目标，成为引领全国区域地理教学、科研的某种示范。

王静爱

2009 年 3 月

前　言

2009 年是新中国成立 60 周年，也是"中国地理学会"成立 100 周年。100 年前的 1909 年 9 月 28 日，我国近代著名的地理学家张相文先生、地理学家白毓昆先生、教育家张伯苓先生等 100 多人聚于天津河北第一蒙养院，成立了"中国地学会"。100 年来，我国地理学走过了艰难曲折和辉煌的发展历程，在国民经济与社会发展中发挥了巨大的作用，特别是在资源普查、农业开发、土地利用、区域规划、防灾减灾、遥感与 GIS 应用等方面取得了重大成绩，这些成绩的取得凝结着老一辈地理学家的辛勤汗水与心血，《区域地理论丛》（2009 年专辑）重点组编了部分著名学者在中国地理学会成立 100 周年纪念大会的讲话以及怀念老一辈地理学家的纪念文章，以感怀老一辈地理学家对地理学发展作出的巨大贡献，激励青年地理学者奋发向上，努力工作，在新时期再创辉煌，开创未来 100 年地理学发展的新篇章。

第一部分，中国地理学会百年庆典述要。组编文章 4 篇，分别是地理学会理事长陆大道院士在中国地理学会成立 100 周年纪念大会上的致辞、北京师范大学杰出校友陈宗兴教授在中国地理学会成立 100 周年纪念大会上的贺词、北京师范大学赵济教授和梁进社教授共同撰写的中国地理百年发现提案、北京师范大学承办中国地理学会百年庆典暨人文经济地理学分会的情况。

第二部分，周廷儒先生百年诞辰纪念。刊录了怀念周先生的纪念文章与介绍周廷儒院士纪念网站情况的文章。周廷儒院士毕生从事地理研究和地理教育，他曾在北京师范大学地理系任系主任三十年，长期讲授"中国自然地理"等基础课程，是北京师范大学地理学与遥感科学学院区域地理课程的主要奠基人之一，在地貌学、自然地理学和古地理等方面的研究成果卓越。他曾参加中国自然区划工作，是我国地理学界古地理研究的奠基人和开拓者。

第三部分，两教授获地理科学成就奖。介绍了北京师范大学地理学与遥感科学学院获得第二届"中国地理科学成就奖"的张兰生教授和赵济教授的教学、野外考察经历以及他们的学术思想。张兰生教授的主要教学和研究领域包括中国自然地理学、环境演变、自然灾害、地理与环境教育，他是我国地理学界环境演变研究和自然灾害研究的主要倡导者和推动者之一，也是我国环境教育的积极推动者之一。赵济教授长期致力于推动高校区域地理教学与改革，在干旱与半干旱地区地貌与土地利用格局研究、区域自然条件和农业自然资源遥感地学分析模式研究以及中国区域地理的综合研究方面作出了巨大贡献，目前他是北京师范大学"区域地理国家级教学团队"的教学指导。

第四部分，区域地理研究。刊录了中国科学院地理科学与资源研究所郑度院士以及北京师范大学地理学与遥感科学学院吴殿廷教授等人的 4 篇文章。郑度院士对中国西北干旱区的土地退化与生态建设问题特别关注，他指出，在区域发展中，应当重视土地与水资源的合理开发利用、区域间环境与发展协调等问题；宋金平教授主持了国家旅游局委托的"东北地区旅游业发展规划"项目，该规划已由国家旅游局与国家发展与改革委员会联合发布并正在组织实施；吴殿廷教授主持了国土资源部的国土规划试点即辽宁省的国土规划工作，《辽宁省新国土规划的理论与方法探索》一文是该项目的实践探索与理论总结；朱华晟副教授等人的文章探讨了新中国 60 年的经济格局演变。

第五部分，京师区域地理拾零。介绍了北京师范大学区域人文地理实习的情况、北京师范大学文化地理学教学与科研的情况、北京师范大学区域地理教学方法、北京师范大学区域地理"渐进式"地图应用能力训练。

附录记录了 2009 年北京师范大学"区域地理国家级教学团队"的教学活动、实践与成果。

目　　录

中国地理学会
百年庆典述要

中国地理学会的百年建设与发展*
——在纪念"中国地理学会"成立 100 周年大会上的致辞

陆大道

中国科学院地理科学与资源研究所，北京 100101

100 年前的 1909 年 9 月 28 日，我国近代著名的地理学家张相文先生、地理学家白毓昆先生、教育家张伯苓先生等 100 多人聚于天津河北第一蒙养院，成立了"中国地学会"。"中国地学会"的成立，标志着我国近代地理学的开端。1934 年，翁文灏、竺可桢等在南京成立了"中国地理学会"。1950 年，"中国地学会"与"中国地理学会"在北京合并，成立了现在的"中国地理学会"。在两会合并以前的 41 年中，"中国地学会"和"中国地理学会"聚集了一批又一批著名的地理学家和地质学家，他们中有开创我国现代地理学和现代地质学的功臣：竺可桢、丁文江、翁文灏、李四光、张相文、张其昀、王成组、胡焕庸、黄国璋、谭其骧、任美锷、李旭旦等。

100 年来，我国地理学走过了艰难曲折和辉煌的发展历程。今天，在纪念近代地理学开创 100 年的时候，我们怀着崇敬和感激的心情回顾以往走过的道路，牢记一代一代前辈学者们的杰出贡献，决心开创地理学发展新的未来。

1 中国地理学会的发展阶段

1.1 我国近代地理学的开创初期

在我国近代地理学的开创初期，张相文等即创办《地理杂志》，编纂大中华地理志，并调查农田水利。竺可桢于 1921 年在东南大学（现南京大学前身）创办了我国第一个大学地理系。此后，北平师范大学、清华大学、金陵女子大学等 20 多所大学和高等学校组建地理学系或地学系。在那时极端困难的条件下，地理学家考察研究了中国的山川、河流、气候和区域地理，出版专题地理著作、部分省区的"地理志"和考察报告；曾世英等主持编制了我国近现代史上第一部中国地图"中华民国新地图"；《地理学报》创刊；胡焕庸发表"中国人口之分布"，提出了后来被誉为"胡焕庸线"的中国人口分界线。这些早期的地理工作和成就推动了我国处于萌芽状态下的近代地理学的发展。

1.2 中华人民共和国成立初期

在中华人民共和国成立初期，竺可桢率领一批地理学家，把握国家需求和地理学特点，在机构建设、学科方向、人才配备和培养等方面作出了一系列具有重大影响的决定和措施。1952 年，中国科学院地理研究所正式成立。与此同时，全国进行高等院校院系调整，一系列综合大学建立了地理系。1956 年，开始制订具有重要历史意义的十二年科学技术发展规

---

* 题目为编者后加。

作者简介：陆大道（1940—　），男，中国科学院院士，中国科学院地理科学与资源研究所研究员，中国地理学会理事长。长期从事经济地理学和区域发展研究，参与国家计委领导的《全国国土总体规划纲要》编制工作以及众多发展战略的研究与规划，提出"点—轴系统"模式和"T"型宏观战略。

划。在竺可桢领导下制订的地理学发展规划充分体现了我国地理学发展要为国家建设服务的方向和"以任务带学科"的方针，突出了为农业服务的重点。

20 世纪 50 年代末和 60 年代初，我国地理学家根据国家的需要，进行了中国自然区划和中国自然地理丛书及中华地理志的编著。中国科学院组织了有高等学校参加的大规模的综合考察，包括中苏联合黑龙江流域综合考察、新疆综合考察、青藏综合考察、青甘综合考察、宁蒙综合考察、华南和横断山地区的综合考察、中国冰川考察等。其中，规模最大、延续时间最长的是青藏综合考察。这些以西部地区为主的大规模科学考察，在科学发展史上具有划时代的意义。一大批地理学家是我国西部开发的先行者和开拓者。

从 20 世纪 60 年代至 80 年代，地理学家对全国和各省区市的农业自然条件和农业经济发展进行了系统的研究，根据因地制宜发展农业的指导思想，制订出科学的指标体系，对全国和部分农业区进行了等级体系的划分。对农业区划工作的理论和方法进行了系统的阐述和总结。农业区划延续了 20 多年，吸引了全国地理研究机构和众多高等学校地理学者的参与，是贯彻地理学为农业服务方针的重要体现。

自 20 世纪 50 年代开始至 60 年代中期完成的《中华人民共和国自然地图集》（1965 年版）是全面系统地反映我国复杂自然条件与自然资源的第一部大型综合地理图集。属于这类大型综合地图集的还有 20 世纪 80 年代完成的《中华人民共和国国家农业地图集》、《中华人民共和国经济地图集》和《中国人口地图集》等。

1.3 中国地理学会第四次会员代表大会拉开了我国地理学新时期大发展的序幕

1979 年 12 月底至 1980 年 1 月初，在广州三元里大道的矿泉别墅召开了中国地理学会第四次会员代表大会。这是一次总结新中国成立以来成功经验、"十年浩劫"严重影响并展望未来的规模空前的学术会议，具有里程碑意义。这次会议拉开了我国地理学新时期大发展的序幕，中国地理学迎来了又一个春天。

20 世纪 80 年代初至 90 年代初，几百名地理学者走上了黄淮海的"主战场"，开展了黄淮海平原大面积治理与农业开发的科学实践。这项大规模的科学实践的成果经过地方政府的推广应用，取得了重大的经济和社会效益。在这段时间内，地理学者参加了研究和编制京津唐国土规划和全国国土规划纲要的工作。此后，全国各地理研究单位和大学有 1/3 左右的地理学家接受政府委托进行区域性的国土开发战略研究和国土规划编制工作。20 世纪 90 年代以来，区域可持续发展成为地理学极为重要的研究领域，地理学家参与了国家"十一五"规划和东北、京津冀和长三角等大区域战略研究和规划的编制。长期以来，地理学家向政府高层提交了众多的关于国家自然资源和环境的保护、合理利用，区域可持续发展等方面的咨询报告和政策建议，在可持续发展基本国策和科学发展观的确立过程中，地理学家发挥了基础性作用。

新中国成立以后，我国地理学持续进行了技术革新。20 世纪 70 年代末的腾冲遥感试验开拓了我国的遥感事业。此后，中国科学院、高等学校相继建设了众多的 GIS 实验室，使空间分析方法在各种预报、预测和研究领域中得到广泛应用。地理信息系统作为传统科学与现代技术相结合的产物，不仅推动了地理学的发展，也为各种涉及空间数据分析的学科提供了新技术方法。

1.4 20 世纪 90 年代后期以来，我国地理学逐步进入一个新的阶段

在全球环境变化和我国经济及社会大规模迅速发展的大背景下，地理学者基于对地理学

国际前沿的认识，越来越重视全球变化及其区域响应的研究，相应地加强了新的学科方向和领域的建设。这些新领域和新方向包括：土地覆被变化与大气层增温、水资源与水环境、对地观测、生态经济、灾害防治、资源经济与战略、城镇化、功能区形成与发展等。在新世纪开始之时，顺利实施了学术带头人和第一线工作骨干的新老交替。一批中青年地理学者成为国家 863 计划、973 计划和科技支撑计划的首席科学家及负责人。2008 年 5 月汶川地震后，在大规模救灾和灾后重建过程中，一大批地理学者及年轻的学术带头人根据国家的要求，在第一时间投入了灾情监测、评估和灾后重建规划及环境承载力评价等工作中，以自己的服务国家和服务人民的坚强信念和很高的专业本领向人民交出了极好的"答卷"。他们的工作使我们看到了我国地理学事业辉煌的未来。

在每一个阶段地理学都取得喜人成就的同时，中国地理学对外交流和在世界上的影响也逐渐扩大。1978 年 10 月，以黄秉维、吴传钧为正副团长的中国地理学家十人代表团首访美国，进行为期 40 天的"破冰之旅"，打开了中国地理学家进行国际交往的大门。1984 年 8 月，国际地理联合会（IGU）在巴黎召开的第 25 届国际地理大会上恢复了中国地理学会在 IGU 的地位。自 1988 年至今，我国地理学家一直连续当选 IGU 副主席。2008 年 8 月 IGU 决定：2016 年在中国北京召开第 33 届国际地理大会。中国地理学在愈来愈大的程度上走向世界！

2　中国地理学与新中国 60 年

100 年中国地理学发展走过独特的发展道路。这条独特的发展道路集中地体现在中华人民共和国成立以来的 60 年中。

2.1　党和政府重视和引导地理学的发展

地理学者遵循毛泽东关于理论和实践的关系的精辟论述，十分重视野外考察、实验观测和调查研究。党和政府在每一个发展时期制定的中长期规划（国民经济和社会发展规划、科学技术发展规划）都指引了地理学的发展，使地理学紧密围绕各个阶段的国家需求。

2.2　"以任务带学科"是我国现代地理学 60 年来取得蓬勃发展的一条基本经验

地理学家组织和参与完成了国家一系列重大的关于我国自然结构和国家发展的综合性的研究任务，研究方向明确，学科之间开展合作具有成效。大量的研究成果充分体现了应用价值和科学内容，也成为我国地理学理论发展的科学实践源泉，成为诸多分支学科发展的基本动力，同时为政府和社会提供了大量的科学资料和建议，在经济和社会发展实践中产生了巨大的效益。"以任务带学科"彰显出我国地理学的目标和价值。

2.3　在大规模科学实践基础上的理论研究取得了丰硕成果

在中国自然地理综合研究方面，通过大量的基础性工作，全面深刻揭示了中国的自然地带性规律。大规模青藏考察揭示了青藏高原隆起以及高原隆升与环境演化、自然环境及其地域分异特征。通过地表过程的实验研究，揭示了农田生态系统中水分循环和水盐运动规律及其与作物生长的关系。在对黄河的长期研究中，基本阐明了黄河的流域环境变迁、水沙变化规律。在环境地学方面，揭示了一系列关于环境背景值、生物地球化学和健康方面的关系。通过中国农业地理和农业区划的研究，揭示了我国农业生产地域分异的客观规律。在生产力布局和区域发展方面，我国学者提出了若干新的理论和模式，丰富和发展了地域生产综合体理论和空间结构理论，基本阐明了区域可持续发展的因素作用。在功能区指标体系及其空间识别方面实现了初步的突破。在大地图集、专题地图和综合制图的理论方法方面取得重大成果的基础上，在地球空间信息的认知，地球空间信息的表达、解释和反演，地理空间数据模型以及基础数据共享等方面取得了新的进展，开拓了遥感技术在地理学和国民经济许多领域的应用。大规模的全方位的理论成果不仅仅创新性地体现了中国地理的基本特点，也丰富和发展了当今现代地理学及相关学科的理论体系。

2.4 有一批具有远见卓识的杰出地理学家的引导

在 100 年以来的地理学发展中，一代一代前辈地理学家站在学科发展的前沿，开拓和引领了我国地理学的发展道路。

张相文是近代地理学早期的创始人和引路人。竺可桢先生无论在近代和现代地理学发展中都发挥了关键作用，是我国近现代地理学的主要奠基人。中国地理学在新中国成立至 20 世纪 80 年代末的近 40 年发展中，黄秉维、陈述彭、吴传钧、施雅风四人是中国地理学会长时期的领导人，也是中国科学院地理研究所的领导人，处在我国现代地理学发展的核心(领导层)位置上，引领了全国地理学发展方向，牵头完成了若干全国性重大合作任务，培养了大批的学者和优秀地理学家。他们是中国现代杰出的地理学家，在国内外产生了重要的影响。黄秉维领导了中国科学院地理所和中国地理学会 30 余年，他提出了自然地理学的"三个新方向"，倡导了地球表层系统跨自然与人文的跨学科研究。陈述彭是我国大地图集研究和编制事业的开拓者和我国地理信息系统(GIS)、遥感应用事业的奠基者。在他和童庆禧、徐冠华、李小文、刘岳、廖克等的组织领导下，我国地图科学、GIS 和遥感应用科学得到了迅速的发展，对国家和社会发展发挥了巨大的作用。吴传钧是我国现代人文—经济地理学的主要奠基人，他提出了地理学"人—地关系地域系统"的研究方向及其丰富内涵，开拓了我国当代地理学若干重要的研究领域，他带领中国地理学走向了世界。施雅风是协助竺可桢策划 20 世纪 50～60 年代中国地理学发展的主要学者之一，是我国冰冻圈研究事业的奠基人，他和李吉均、程国栋、秦大河、姚檀栋等在冰冻圈研究和西部地区自然资源合理开发研究中对我国西部开发及其工程建设作出了巨大贡献。

一批杰出的地理学家在诸多的专业领域和特殊类型区域研究方面在完全空白的基础上作出了系统的突出贡献，起了重要的奠基和领军作用：在综合自然地理学研究方面有任美锷、赵松乔、周廷儒、林超、张荣祖等，在青藏高原的大规模综合考察研究方面有孙鸿烈、郑度等，在人文和城市地理学方面有李旭旦、许学强、周一星、严重敏等，在经济地理学方面有周立三、邓静中、钟功甫、李文彦、陈才、胡序威等，在环境地学方面有刘培桐、唐永銮、章申、陈静生、谭见安等，在沙漠化及其防治方面有朱震达、夏训成等，在水文和水资源方面有刘昌明、郭敬辉等，在气候学基础研究方面有左大康等，在海岸带和海洋环境方面有王颖、陈吉余等，在地貌学基础性研究方面有王乃樑、沈玉昌等，在历史地理研究方面有侯仁之、谭其骧、史念海等，在湿地等有关领域方面有黄锡畴、刘兴土等，在旅游地理研究方面有郭来喜、陈传康等。陈尔寿、褚亚平等对我国地理学教育事业，高泳源、姚岁寒等对地理学编辑出版事业作出了历史性的贡献。

在 100 年来艰苦奋斗的峥嵘岁月中，前辈地理学家为初创中国近代和现代地理科学而艰苦奔波，他们建立了地理学研究机构和教育机构，奠定了学科发展的框架并且在许多领域中开辟了研究的先河。20 世纪 50～60 年代各地理研究所和大学地理系办公楼不灭的灯光下是新中国培养的大学生们在孜孜以求地学习和工作。他们中的许多人经过百折不挠的科学实践，成为我国地理学的栋梁之才。20 世纪 80 年代以来进入地理学的中青年人，正在继承前辈地理学家的忘我精神,献身于地理科学事业。每当回顾 100 年来老中青地理学家的奋斗、成就和荣誉时,我们就非常激动和自豪:中国地理学者无愧于国家的期望和历史赋予我们的责任。

3 新时期的挑战与使命

中国地理学的影响力日益扩大。地理学家的工作促进了中国自然资源的合理利用和社会经济的可持续发展,地理学的方法逐步为社会所了解和应用,地理学的成就在愈来愈大的程度上为社会所认同。我们可以有充分的理由认为:20 世纪后半叶,在为国家需求服务所进行的工作规模和发挥的巨大作用方面,世界上没有哪一个国家的地理学能够与中国的地理学相比。

回顾中国地理学的发展,我们衷心感谢各级政府部门包括发改委、科技部、教育部、中国科学院、国家自然科学基金会、国土资源部、水利部、环保部、住房和建设部等部门长期以来对我们的信任、重视和支持。我们也衷心感谢国际地理联合会对中国地理学发展的支持。

地理学在跨入 21 世纪之时面临着重大挑战。在全球范围内,由自然支配的环境变化已经转移到由人类支配的环境变化。揭示全球气候变化的驱动力及其给人类社会发展带来的影响和区域响应成为 21 世纪许多领域科学家的共同责任。在我国,如何协调"人—地"关系和实现可持续发展是国家发展的重要目标之一,也是国家和全体地理学者面临的挑战。显然,地理学是实现这些重大任务的支撑学科之一,地理学工作者肩负着责无旁贷的重任。

为了更好地肩负国家和人民赋予我们地理学者的重任,新一代地理学者需要继承优良传统,在继承传统的基础上推进地理学的创新。今天地理学发展的大背景和面临的上述问题,较之我们以往 100 年所面临的问题具有更大的复杂性、更大的不确定性。地理学既需要深入的微观分析,也需要宏观的概括。对待复杂的巨系统的研究,还需要科学的观察力、创新性的思维和综合性的判断。

要通过加强基础教育和科学普及工作,让国民中愈来愈多的人了解当今世界人类面临生存环境的严峻挑战,更加爱护我们人类的家园——我们这个地球,也使全社会逐步了解什么是地理学,如何培养人们的地理学观念。

一百年后的今天,中国地理学会已经发展成为我国最大的学术团体之一。全国从事地理教育和研究工作的人员有 20 多万人,高等院校地理系和省级以上地理研究机构有 200 多个。今天的中国地理学,已经建立了独特和相当完整的学科体系,在一系列重大领域为政府决策和社会发展提供重要的科学支持。中国地理学的影响已经大大超出了专业的界限。

长期以来,地理学家和地理学思想,对人类社会经济发展作出了巨大的贡献。今天,我们国家和全球的自然结构和社会经济结构正在发生剧烈的变化,向地理学提出了一系列重大的科学问题和实际问题。今天和未来的地理学者,需要面临新的难题,攀登新的高度,不断做出使国家和社会满意、令国际同行瞩目的成就。

我们相信,地理学这门"伟大的学问",正面临着更大的发展机遇。中国的地理学家将为国家发展和人类发展作出更大的贡献!

Centennial Evolution and Development of the Geographical Society of China: A Speech for Centennial Celebration on the Geographical Society of China

Dadao Lu

Institute of Geographic Sciences and Natural Resources Research, CAS, Beijing 100101

发扬光大中国地理学人的优良传统 *
——中国地理学会百年庆典贺词

陈宗兴

在海内外地理学家欢聚一堂、共庆中国地理学会成立 100 周年的喜庆日子，我向投身中国地理学发展并作出积极贡献的先辈和师长，向耕耘在中国地理学教学、科研和实践第一线的同仁表示崇高的敬意！

一个世纪以前，中国地理学会的前身"中国地学会"成立，标志着地学工作者开始拥有一个自己的、独立的学术组织。西方社会在很早就已出现了学术团体的雏形，经过长期发展与经验累积，学术团体已成为全球科学界乃至整个社会的重要组成部分。19 世纪末到 20 世纪初，是中国学术团体开始涌现的时期，中国地学会的成立是中国科学发展史上的重要一页。

自满与守旧是科学发展的大忌，中国地学会的成立还标志着中国传统地理学在西学大潮的冲击下，从心底生发了一种学科自省。以开放的胸襟、包容的气度，接纳世界科学文明的智慧之光，是当时学会创建人的可贵初衷。自第一任会长张相文先生身体力行地引入新学，到 20 世纪 20 年代、30 年代留学归国的多位学者将西方近现代地理学全面引入，中国的地理学开始汇入全球地理学发展的大河之中。

从 1909 年起至今的 100 年间，中国地理学会从小规模的科学家共同体，逐渐发展成为连接全国各地科研、教育、出版以及实际应用等诸多领域的地理工作者的纽带。特别是改革开放以来，中国地理学会在推动地理学与其他学科交融发展，在推动国际国内学术交流方面作出了有目共睹的重要贡献。每年一度的学术年会成为中国地理学人最重要的学术交流活动。学会所办的《地理学报》等刊物，成为世界了解中国地理学发展的重要学术窗口。

当前，地理学面临前所未有的学科发展机遇，全面建设小康社会、推动经济社会科学发展和加强生态文明建设为地理学学科发展提供了广阔的应用平台和强大的推动力量，我衷心希望中国地理学会和中国地理学家充分利用这个平台和动力，不断开拓创新，深化科学研究，传播科学新知，促进中国乃至世界地理学的发展。也衷心希望中国地理学会的发展与国家的进步、民族的振兴紧密地联系在一起，发扬光大中国地理学人密切联系实际的优良传统，担当起更加重要的历史责任，为国家的全面、协调、可持续发展作出更大贡献。

To Carry Forward the Fine Traditions of Chinese Geographers：
A Speech for Centennial Celebration on the Geographical Society of China
Zongxing Chen

* 题目为编者后加。

作者简介：陈宗兴（1943—　），男，教授。北京师范大学地理系毕业，农工党成员。曾任第九届全国政协委员，第十届全国政协常务委员，现任第十一届全国政协副主席，农工党中央常务副主席。

编者按： 2009 年中国地理学会成立百年，中国地理学会与《中国国家地理》杂志社联合推出"中国地理百年大发现"提案征集活动。中国科学院地理科学与资源研究所、北京大学、北京师范大学、中山大学、兰州大学和南京大学等单位的上百名地理学者共提出了 123 条提案，经评选，最终揭晓了入选的前 30 名提案。北京师范大学赵济教授和梁进社教授在多年从事地理学教学与研究的基础上，通过大量的文献阅读和考证，提出包括"竺可桢首次揭示中国近五千年来的气候变迁"、"周廷儒揭示青藏高原隆起对中国三大自然地理区形成的影响过程"、"胡焕庸揭示中国人口分布规律即'胡焕庸线'"等 30 条中国地理百年大发现提案，这些提案已经发表在 2009 年 10 月的《中国国家地理》杂志上，其中有 18 条入选前 30 名。在此刊出这些提案的详细内容，以期为读者了解更多的中国地理百年大发现提供帮助。

中国地理百年发现提案[*]

赵　济，梁进社

北京师范大学地理学与遥感科学学院，北京　100875

1　中国自然区划

1954 年，中国科学院曾组织自然区划工作，罗开富等编写了《中国自然区划草案》一书。1956 年，中科院决定进一步开展自然区划工作，成立自然区划工作委员会，由竺可桢、黄秉维负责。1959 年完成的中国综合自然区划，拟订了适合中国地理特点的区划原则和方法，先按温度，次按水分条件，再次按地形来体现地带性的分异，从而揭示了中国自然地域分异的基本规律，在理论和方法上有很大的创新和突破，几十年来一直是农、林、牧、水、交通运输与国防等部门应用和研究的重要依据。这一成果详尽、系统，国内外迄今未有类似的研究成果。

2　中国五千年气候变迁

竺可桢积四十年的研究积累，于 1972 年发表了论文《中国近五千年气候变迁的初步研究》，根据历史文献记载(物候、方志)和考古发掘材料等的分析，绘制了近五千年来中国气温变化曲线。分出四个温暖期和四个寒冷期，例如公元前 3500～公元前 1000 年左右(仰韶文化到安阳殷墟时代)为温暖期，公元前 1000 年～公元前 850 年(西周)为寒冷期等。研究结果与国外学者作出的冰川后期近万年中的近五千年来气候变化趋势相近，得到世界地理、气象学界很高的评价。

3　黄土与环境

黄土是第四纪形成的陆相黄色粉砂质土状堆积物。我国黄土高原的黄土堆积厚度可达二

---

　　* 题目为编者后加。

　　作者简介：赵济(1930—　)，男，教授，多年从事区域地理教学和自然地理与遥感应用等研究，曾任中国自然地理教学研究会理事长，现为北京师范大学"区域地理国家级教学团队"的教学指导。梁进社(1957—　)，男，教授，从事经济地理学、自然资源与环境经济学的教学与研究。

三百米。从 20 世纪 50 年代起，刘东生等对中国第四纪黄土的成因及地层划分进行了多年研究并对黄土及黄土中的古土壤序列进行了年龄测定。按黄土形成的时代，分为午城黄土（早更新世）、离石黄土（中更新世）和马兰黄土（晚更新世）。黄土高原分布的厚层黄土和古土壤序列是已知陆地上连续性最好且能与深海沉积氧同位素曲线对比的沉积物，这一研究揭示了第四纪黄土沉积所反映的环境变化信息，利用它重建过去的全球变化是我国在世界上独具特色的研究领域之一。

4　青藏高原隆升的证据

青藏高原隆升是新生代亚洲乃至全球的一个重要事件，它对我国季风气候的形成及环境的变迁、分异产生了重要的影响作用。1964 年，施雅风、刘东生和徐仁等根据在希夏邦马峰北坡 5 700～5 900 m 的上新世地层中发现的高山栎等植物化石（这些植物现在生活在 2 500 m 的海拔高度上），推测上新世以来喜马拉雅山上升了 3 000 m。根据青藏高原多处发现的舌羊齿化石、三趾马动物化石群，认为大陆碰撞以来至始新世是温暖的低地环境，以后逐步升高是一个连续的过程。20 世纪 70 年代大规模的青藏高原综合科学考察中进一步搜集到大量证据，验证了青藏高原的隆升过程。

5　农业区划

1963 年农业自然资源调查和农业区划被列为全国农业科技发展规划的首项重点任务。农业区划作为地理学的主要研究方向之一在全国迅速得到发展。周立三、吴传钧、邓静中等长期研究中国的农业地理和农业区划问题，取得了显著成绩，1981 年周立三等发表了《中国综合农业区划》，后来又发表了《中国农业区划的理论与实践》，对各种农业资源的开发潜力和合理利用，农业生产布局、结构的合理调整，生态平衡失调、多灾低产区的综合治理等进行了全面的分析论证，为因地制宜实行农业技术改造提出了新的论点和发展战略措施。吴传钧主编了《中国农业地理总论》，编制了《中国 1∶100 万土地利用图》，直观地反映了我国土地利用的地域差异和分布规律，成为搞好国土资源管理、制定农业发展规划、进行国力综合研究的科学依据。

6　中国气候特征与粮食生产的关系

1964 年，竺可桢发表论文《论我国气候的几个特点及与粮食作物生产的关系》，开创了联系农作物生产，综合研究太阳辐射、温度、水分三个自然地理因素的先例。毛泽东主席阅读了这篇重要论文后，于 1964 年 2 月 6 日约请竺可桢到中南海研讨，毛泽东主席对太阳如何把水和二氧化碳合成碳水化合物很感兴趣，并说农业八字宪法"水、土、肥、密、种、保、工、管"外要加上光和气。

7　中国新生代古地理研究的创新

周廷儒经过多年的研究，于 1960 年发表论文《中国第三纪第四纪以来地带性与非地带性的分化》，1984 年又出版专著《中国自然地理·古地理》，根据大量资料首次绘制了中国早第三纪（古近纪）、晚第三纪（新近纪）和第四纪早更新世、中更新世、晚更新世、全新世的古地理图，揭示了新生代古地理的演变过程。特别指出：老第三纪（古近纪），中国大陆属于行星风系的环流形式，中国的地带性以南北分化为主；渐新世后期，青藏高原不断隆升，季风环流覆盖了中国东部，干旱区向西北收缩，形成了三大自然地理区，这是新生代亚洲东部最大的一次环境变化。施雅风等认为这一重大发现是"古地理研究中的伟大集成创新"。

8　胡焕庸线

1935 年，胡焕庸编制了我国第一张人口等值线密度图，提出了中国人口的地域分布以瑷珲—腾冲一线为界，可划分成两个截然不同的自然和人文地域。线东南方 36% 的国土居住着 96% 的人口，自古以来以农耕为经济基础；线西北方人口密度较低，以畜牧业和绿洲农业为主。这条界线被称为"胡焕庸线"，多年来被国内外人口学者和地理学者所承认并引用。（瑷珲 1956 年改为爱辉，1983 年改称黑河，因此现在称其为"黑河—腾冲线"，编者注）

9　人地关系地域系统

地理学着重研究地球表层人与自然的相互影响与反馈作用。20 世纪 80 年代，吴传钧在长期经济地理学研究的基础上，提出了地理学的中心研究课题是人地关系地域系统的发展过程、机理、结构特征、发展趋向和优化调控，明确了以地域为单元基础研究人地关系是地理学的特色。这项学术见解推动了地理学的基础理论研究。

10　青藏高原季风

20 世纪 50 年代中期，叶笃正、高由禧等根据青藏高原热力作用提出"高原季风"的概念。在高原的热力作用下，在青藏高原上形成了一种独特的季风现象。夏季的高原为热源，其近地层为热低压，而冬季高原为冷源，形成高气压，与气压场相应，在高原 1 000 m 的高度，形成一个冬夏盛行风向相反的季风层。这一发现对研究青藏高原及其周围地区的气候有重要意义。

11　中国沙漠的形成与移动规律

1952 年，铁道部勘测设计院与中科院地理研究所开展了腾格里沙漠南缘风沙地貌和沙丘移动的定位观测研究，1954 年在宁夏中卫沙坡头附近建立了我国第一个风沙观测站，研究结果为通过腾格里沙漠南缘的京包铁路线的畅通提供了科学依据。1959 年中国科学院成立治沙队，对中国各大沙漠进行综合考察，朱震达等从沙漠地区第四纪古地理、下覆沉积物组成与分异特点入手，提出"就地起沙"的论点，阐明了从沙饼到沙丘链的发育过程、沙丘移动与沙丘高度的关系，从而揭示了各种形态沙丘形成的基本过程和移动规律。

12　中国气团的运行

1938 年，涂长望发表了《中国之气团运行》的论文，认为影响中国天气的气团主要有冰洋气团、极地气团、热带气团和赤道气团，中国大部分地区处于中纬度，冷暖气流交会频繁，缺少气团形成的环境条件，又由于地表性质复杂，没有大范围均匀的下垫面作为气团源地，因而活动在中国境内的气团大多是从其他地区移来的变性气团，冬半年影响中国的主要是来自西伯利亚和蒙古的极地大陆气团（变性），夏半年主要是热带海洋气团。这篇论文揭示了影响中国气候气团的形成源地、性质及运行规律，深受学术界的推崇。

13　中国山脉考

1924 年，翁文灏发表了《中国山脉考》的论文，他对中国古代地理学家关于山脉分布的种种学说进行了审视，批评了"两山之间必有水，两水之间必有山"这一陈旧观念，科学地论述了中国山脉的分布、成因，特别是与地质构造的关系，纠正了中国过去对山脉的错误认识，这篇论文对中国地貌学的发展具有重要意义。

14　珠穆朗玛峰

早在清朝康熙年代，"皇舆全览图"（1719 年）就标出了朱母郎马阿林（即珠穆朗玛峰）。1858 年，其被英国人改称为埃佛勒斯峰（Mount Everest）。1951 年，王勤堉首先提出应恢复珠穆朗玛的名称，这一提议得到地理、测绘界学者和全国舆论的广泛支持。1952 年，中国政府正式恢复珠穆朗玛峰的名称。1975 年，我国首次对珠峰进行测量，精确测得世界最高峰的海拔高程为 8 848.13 m；2005 年中国政府公布的最新实测高程为 8 844.43 m，原有的高度停止使用，这项结果获得联合国教科文组织和世界各国的承认。

15　世界第一大峡谷

雅鲁藏布江下游干流，江水绕行南迦巴瓦峰，作巨大马蹄形转弯，河流深切形成巨大的峡谷。1994 年，我国科学家对雅鲁藏布大峡谷进行了科学论证，以综合的指标，确认雅鲁藏布大峡谷为世界第一大峡谷，这被誉为 20 世纪末国际上一次重大的地理发现。

16　长江源

长江是中华民族的母亲河，与黄河一道孕育了古老的中华文明。长期以来，人们认为长江发源于巴颜喀拉山，长江长度为 5 800 km，为世界第四长河。1976 年，长江水利委员会组织长江源考察队，发现长江源头在唐古拉山北麓的各拉丹冬冰峰下，它的正源是沱沱河。长江长度增加了 500 km，变为 6 300 km，从而取代密西西比河成为世界第三长河。

17　黄河源

黄河是中华民族的摇篮，是中国古代文明的发源地，在中国历史的发展中有着极其重要的位置。但黄河的源头问题一直有争论。1952 年，水利部门进行了黄河河源考察，认为黄河发源于雅拉达泽峰下的约古宗列曲。1978 年，青海省测绘局组织北师大、北大、社科院历史所、中科院地理所、国家测绘局等部门进行河源考察，考察结果认为雅拉达泽峰与黄河河源无关；从河流长度、流量大小及历史因素等综合考虑，认为以卡日曲为黄河正源更合适。这一结论得到测绘部门、民政部门的认可。2008 年三江源头考察队经过考察研究也认为卡日曲为黄河正源。

18　"活化石"——水杉

水杉作为世界上最珍贵、最古老的物种，以前被认为是已经绝种了的树种，1943 年，我国植物学家王战、胡先骕、郑万钧等在湖北利川发现了亿万年前就已在地球大陆生存、被称为"活化石"的水杉。

19 北京历史地理研究

侯仁之在城市历史地理学的研究中独树一帜,在北京城市历史地理学的研究中,他根据细致的实地调查和文献考证,从河湖水系和地理环境入手,系统揭示了北京城的起源、形成、发展、城址转移的全过程,以及古代北京城的规划和变化特点,将城市历史地理学的研究与首都城市改造和建设任务结合起来,为制订北京的城市发展规划提供了重要参考。

20 点轴系统模式

陆大道在综合克里斯泰勒中心地理论、增长极理论和德国的开发轴理论后,于 1984 年提出中国的点—轴开发模式,并在 1995 年出版的《区域发展及其空间结构》一书中最终形成完整的理论体系。点—轴开发可顺应工业、服务业、商业等在空间上集聚成点,发挥集聚效果,发挥各级中心城市的作用,实现工业布局与线状基础设施间最佳的空间结合,有利于实现地区间、城市间的专业化与协作,形成有机的地域经济网络。

21 中国东部第四纪冰期的划分

1944 年,李四光研究庐山冰川遗迹,将中国东部第四纪冰期由老到新分出鄱阳、大姑、庐山三次冰期,再加上德国学者 W. 克勒脱纳和林超 1930 年在云南大理点苍山发现的古冰川地形(后在 1937 年被 H. von 费斯孟命名为大理冰期),建立了中国东部第四纪冰期系列。对此,中外学者一直持有不同意见。20 世纪 80 年代初,施雅风等认为除太白山、台湾玉山等海拔 3 500 m 以上存在冰川遗迹外,中国东部其他地区所"发现"的冰川遗迹缺乏可靠的证据。中国东部第四纪冰期系列除大理冰期外,其他冰期都缺乏根据。

22 低硒带

20 世纪 80 年代,谭见安等发现我国东北黑龙江起至青藏高原为一不连续低硒带,分布在其间的人群处于低硒代谢水平及硒营养缺乏状态。克山病、大骨节病和白肌病大都分布在这个低硒带内。1989 年,谭见安等编制的《中国地方病与环境图集》,揭示了我国克山病、大骨节病、地方性氟中毒、地方性碘缺乏病四大地方病的时空分布、流行特点、致病因素、防治对策的地域特征及其与环境因素的内在联系。

23 丹霞地貌

丹霞地貌是巨厚红色砂岩、砾岩经长期风化剥离和流水侵蚀,沿垂直节理发育形成的孤立山峰和陡峭的奇岩怪石。丹霞地貌作为中国特有的地貌类型,分布广泛。1928 年,冯景兰首次在广东丹霞山命名"丹霞层";1939 年,陈国达命名"丹霞地形(貌)"。丹霞地区旅游资源丰富,丹霞山、武夷山、龙虎山等早已成为著名的风景区。

24 罗布泊的变迁

罗布泊位于塔里木盆地东部,曾是我国的一个湖泊,海拔 780 m。关于罗布泊的地理位置、变迁已争论了 100 多年。20 世纪初,斯文海定曾经考察过这一地区,认为罗布泊是一个"游移湖"。1934 年,陈宗器测定了罗布泊的位置与形状,认为罗布泊是一个"交替湖"。1959 年,中国科学院新疆考察队对罗布泊地区进行了考察研究,并测量了罗布泊的宽度和深度，根据罗布泊的湖盆发育、地貌特征和周围水系的关系，提出了罗布泊不是"游移湖"的见解。20 世纪 80 年代，夏训诚等多次对罗布泊地区进行了考察，进一步论证了罗布泊不是"游移湖"。另外，1959 年考察时，石玉麟根据罗布泊地区土壤剖面中大量的钾盐聚集，认为罗布泊地区是钾盐的聚集中心。

25 风向与城市规划布局

1979 年，杨吾扬与董黎明认为新中国成立后中国城市规划布局沿袭苏联的主导风向原则不适合中国国情，我国广大季风区每年有风频相当但方向相反的风向，若按主导风向原则布局，污染难逃。对此，杨吾扬等提出用盛行风向、最小风频等多因素代换单一主导风向，并提出了风向与工业区布局的图式以及中国风向地理区划。这一成果被世界气象组织认为是创造性发现，受到了国内外的重视。为此，杨吾扬应邀参加了许多行业的咨询和规范制订工作，并被世界气象组织秘书长 T. Oke 邀请参加热带气候技术会议。

26 托木尔峰

托木尔峰位于天山西部，地处新疆维吾尔自治区温宿县境内西北部，地理位置十分重要。1977 年 7 月 25 日，中国登山队科学考察队首次登上了海拔 7 435 m 的天山最高峰——托木尔峰峰顶，纠正了原来认为汗腾格里峰(6 995 m)为中国境内天山最高峰的见解。

27 最早的绢质地图

我国的地图学有悠久的历史，见于记载的古地图很多，可惜大部分已经散佚。1973 年长沙马王堆三号出土文物有绘制在绢上的地形图(约 1：170 000)、驻军图(约 1：100 000)等古地图，绘制时间约为 2 100 多年前的汉代，是我国，也是世界上现存最早的以实测为基础绘制的地图。它的发现反映了我国古代就掌握了相当高的地图测绘水平，为研究我国古代历史地理提供了珍贵资料。

28 黄河游荡性河道的变迁

黄河是世界上含沙量最大的河流，在冲出峡谷进入平原后，经过千百年来的淤积和游荡，塑造了一个广袤的冲积平原即华北平原。1965 年，钱宁根据黄河下游水沙运动规律，提出判别游荡性河道河流演变特征的综合游荡指标，为多泥沙河流的治理提供了科学依据，为我国将河流动力学与地貌学相结合研究河床演变作出了重要贡献。

29 世界海拔最高的大沙漠

2008 年，李炳元等对阿尔金山自然保护区进行考察，发现在阿尔金山和祁漫塔格山之间的库木库里沙漠，面积达 1 600 km²，海拔在 3 900～4 700 m 之间，沙丘类型主要是金字塔沙丘、复合型新月形沙丘和新月形沙丘链，沙山平均高度约 100 m。对比国内外资料，认为库木库里沙漠是世界上海拔最高的大沙漠。

30 世界最高的森林上限

20 世纪 80 年代，中国科学院青藏高原综合考察队经过多年考察，在西藏东南部发现4 600 m 是由圆柏林组成的阳坡森林上限，4 400 m 是由云杉林组成的阴坡森林上限，它们都是全球最高的森林上限。

Great Geographical Discoveries of China in Recent 100 Years

Ji Zhao，Jinshe Liang

School of Geography，Beijing Normal University，Beijing 100875

北京师范大学人文经济地理学分会纪要

宋金平，周尚意，葛岳静

北京师范大学地理学与遥感科学学院，北京　　100875

摘要： 2009 年 10 月 17 日，"2009 年全国人文经济地理学大会"开幕式在北京师范大学举行。大会由史培军教授主持，中国科学院院士陆大道、北京师范大学党委书记刘川生为大会致辞。杨胜天教授、保继刚教授主持了随后的大会学术报告，来自中国、美国、法国、日本等多个国家的地理学家们就可持续发展、减灾模式、人文地理学发展等问题分别做了精彩的学术报告。在随后的两天，来自全国各地的会议代表们在 14 个不同专题的分会场进行了学术交流，并评出 8 篇优秀青年论文。

关键词： 中国地理学会百年；人文经济地理学大会

　　2009 年 10 月 17～19 日，由中国地理学会和北京师范大学联合主办，北京师范大学地理学与遥感科学学院承办，环境学院、资源学院、水科学研究院、减灾与应急管理研究院、全球变化与地球系统科学研究院联合协办的"2009 年全国人文经济地理学大会"在北京师范大学举行。

　　大会开幕式于 10 月 17 日下午在北京师范大学英东学术会堂隆重举行。出席开幕式的嘉宾有：中国地理学会理事长、中国科学院陆大道院士，北京师范大学校务委员会主席、党委书记刘川生研究员，中国地理学会副理事长、北京师范大学常务副校长史培军教授，国际地理联合会主席 Ronald F. Abler 教授，日本地理联合会主席 Taniuchi Toru 教授，法国地理学会理事长 Fortuit 教授，中国地理学会副理事长、中山大学保继刚教授，北京师范大学地理学与遥感科学学院院长杨胜天教授等。大会在中国地理学会百年庆典的热烈气氛中召开，来自中国内地和香港、美国、法国、日本、韩国的地理学家和师生代表近 800 人出席了大会。

　　开幕式由史培军教授主持。陆大道院士在致辞中回顾了中国人文经济地理学从无到有、从弱到强的发展历程，总结了人文经济地理学在社会发展、人地问题解决中发挥的重要作用，并通过百年庆典感谢北京师范大学对中国地理学会和中国地理学发展的一如既往的支持。刘川生书记在讲话中提到了中国地理学会与北京师范大学的深厚渊源，中国地理学会从酝酿成立到蓬勃发展，都凝聚了北京师范大学地理学者和历任领导的心血，她还介绍了地理学科作为北师大优势学科的发展历史及现状，并结合社会实际，分析了地理学在当今社会发展中的地位和作用，祝愿地理学得到更好的发展。著名的历史地理学家侯仁之院士委托北京大学唐晓峰教授宣读了贺信，勉励年轻地理学者发扬老一辈科学家筚路蓝缕、求真务实的精神，祝愿中国地理学会、中国地理学更好地发展。

　　大会学术报告分别由北京师范大学杨胜天教授、中山大学保继刚教授主持。中山大

　　作者简介：宋金平（1968—　　），男，教授，研究方向为城市化、区域规划等。北京师范大学"区域地理国家级教学团队"成员。

学许学强教授作了题为《中国城市地理学的回顾与展望》的报告，总结了中国城市地理学的百年发展历程和研究动态，动态分析了中国城市地理研究的"科学化"趋势，提出中国城市地理学要立足国情，为中国城市发展服务；中国科学院地理科学与资源研究所樊杰研究员作了题为《至 2050 年我国区域可持续发展研究的路线图设计》的报告，在分析经济地理学学科性质及可持续发展与可持续性科学特点的基础上，结合中国科学院的部署及中国发展的紧迫需求，提出了涉及 6 大模块、27 个领域的区域可持续发展研究路线图；史培军教授作了题为《IHDP－综合风险防范科学计划与巨灾风险防范的中国模式》的报告，介绍了综合风险防范科学计划，并结合在 2008 年南方雨雪冰冻灾害及汶川地震中从事巨灾减灾工作的实践经验，大胆提出创建巨灾风险防范的中国模式，他的激情洋溢的报告得到了与会代表的阵阵掌声。国际地理联合会 Ronald F. Abler 教授作了题为《身处众学科之中的地理学》(Geography among the sciences)的大会报告；日本地理联合会 Taniuchi Toru 教授作了题为《日本人文地理与自然环境的关系：回顾与展望》(Japanese human geography in relation to physical environment：retrospect and prospect)的大会报告；法国地理学会 Jean-Claude Fortuit 教授作了题为《地理学：理解今日复杂世界的钥匙》(Geography：keys to understand today's complexity)的学术报告。国际地理学联合会主席 Ronald F. Abler 教授的报告再次强调了他在中国地理学家面前反复提出的一个学术发展倡议——地理学在与其他领域结合的同时，要坚守和发展自己学科的核心。日本地理学会主席 Taniuchi Toru 教授的报告提出以英美地理学为代表的国际人文地理学发展的四个转折，启示我们思考国家间是否有相同的学术发展阶段性。法国地理学会理事长 Fortuit 教授的报告提出了若干理解地理学的钥匙，其中所提历史学的钥匙引发中国代表思忖："史地不分家"的中国传统地理学之魂是否已经被我们自己遗失。

本次大会收到近 700 篇学术论文，按论文所及内容分设了 14 个分会场，会议代表在分会场进行了学术交流。交流主题分别为：①人文地理学的思想、方法与工具；②中国经济地理学的发展与展望；③中国文化地理学的新进展；④中国人口地理学的发展与回顾；⑤全球化与中国经济国际化；⑥中国城市地理学：过去、现在和未来；⑦城市规划与景观设计；⑧创新城市与发展管理；⑨国民休闲计划与旅游发展研究；⑩转型期农村空心化与新农村建设；⑪都市农业转型与休闲产业发展；⑫陆疆及少数民族区域发展；⑬中学地理教学与国际地理奥林匹克竞赛；⑭空间行为与规划。这些专题大致分为两类：一类是以学科分支为基础设立的专题，其中还包括了人文地理学研究方法的综合性专题；另一类是以社会应用领域为专题，例如新农村建设、旅游规划、少数民族区域发展等。前者在专题数量和人数上占主体，后者代表人数虽然不占主体，但参加的代表来自不同的人文地理学分支，从而体现了地理学综合性分析的特性。代表们的发言体现了人文地理学在研究方法上的多元，以及向其他学科领域渗透的活力。

根据会议计划，在中国地理学会青年工作委员会的组织评审下，评选出人文经济地理青年学者的优秀论文 8 篇(表 1)。

表 1　人文经济地理青年学者的优秀论文

Tab. 1　Young human and economic geographers' distinguished papers

序	作者姓名	论文题目	作者单位
1	曹洪华，吴映梅，武友德	金沙江中上游限制开发区识别与定位研究	云南师范大学
2	李静，张平宇	黑龙江省建三江垦区 LUCC 及其生态环境效应研究	中国科学院东北地理与农业生态研究所
3	刘志林，王茂军	北京市职住空间错位对居民通勤行为的影响分析——基于就业可达性与通勤时间的讨论	清华大学公共管理学院
4	欧阳军，周晓芳，肖玲，张远儿，陈朝隆，陈淳	城市居民通婚行为中的地域等级补偿现象——广州婚姻地理调查	华南师范大学地理学院
5	王成金	城际集装箱交流枢纽的识别及其物流特征	中国科学院地理科学与资源研究所
6	邢晓明，王小燕	区域地理"渐进式"教学方法——以国家精品课程"中国地理"地图应用能力训练为例	北京师范大学地理学与遥感科学学院
7	张文佳，柴彦威，申悦	基于活动－移动时空可达性的城市社会公平研究	北京大学城市与环境学院城市与经济地理系
8	张毓，孙根年	东部沿海入境旅游发展的时间同步性及区域响应	陕西师范大学旅游与环境学院

The Summary of Humanities and Economic Geography Branch in Beijing Normal University

Jinping Song，Shangyi Zhou，Yuejing Ge

School of Geography，Beijing Normal University，Beijing 100875

Abstract：The opening ceremony of "National Conference of Human and economic geography 2009" was held at Beijing Normal University in October 17，2009. The conference was chaired by professor Shi Peijun, academician Dadao Lu and secretary Chuansheng Liu made speeches. Professor Shengtian Yang and professor Jigang Bao subsequently organized academic reports. Geographers from China, United States, France, Japan and other countries made some keynote speeches on sustainable development，disaster reduction mode，development of Human Geography, and so on. In the following two days, delegates coming from various places of China carried out academic exchanges in 14 different sessions，and awarded eight young geographers for their excellent papers.

Keywords：Centennial Celebration on the Geographical Society of China，Human and Economic Geography Conference

周廷儒先生
百年诞辰纪念

编者按：在周廷儒先生百年诞辰之际，将他 1937 年发表在《地理教学》第 1 卷第 3 期上的《野外考察与地理教育》一文再次登载出来，一方面能够重温周先生对地理教育"养成综合观察能力"、"培养文化价值创造力"、"训练实际社会生活之知识及能力"和"养成深刻国家观念"的精辟论述，以此纪念大师；另一方面可以深入领会周先生的地理教育论述，从中获得启发，继承和发扬大师的地理教育思想，传承大师精神。

野外考察与地理教育 *

周廷儒

现代地理学，不仅描述表面地景为已足，尤应以科学的解释为主干，而各种科学地理解释，须基于野外观察之所得，是故野外考察，实为地理教育之中心部分。然则野外生活中，应如何观察地理，亟为吾人所应知者。首须考察该处由地质构造及风化、侵蚀（erosion）诸作用所造成各种地形类型，而加以科学说明。乃进而探求水理、气候与夫植物群落（vegetation formation）分布诸情况。最后观察自然与人类之关系，及其所形成各种不同的地理景观。此种科学观察之地理，在欧美风起云涌，盛极一时，其由科学观察所刊之地理书籍可谓汗牛充栋。尤以英国地学家，首开先河，如雷姆赛（Ramay）之 Physical Geology and Geography of England、基克（A. Geikie）之 Scenary of Scotland，以及劳特·亚凡皮莱（Lord Avebuny）之 Scenary of England，皆其著称者也。德国山河跋涉者，复有极多简洁小册印行，其中尤以李希霍芬（F. von Richthofen）之 Führer für Forschungareisend 为最有名。他如美国则有好勃斯之 Earth Features and their Meaning 等。至于野外考察准备书籍，则有哈佛大学出版，台维斯（Davis）暨其他名家所著之 Hand-Book for Travel 小册子。反观我国科学观察之地理报告或书籍，真如凤毛麟角，一方由于国人缺乏科学探索精神，而他方亦由我国地理教育忽视野外生活之故也。现今，科学进步，一切专门化，分析重重，求其真理倾向甚强，地理学何独不然。故我国欲使地理学得放异彩，非先养成学生具有野外丰富之经验不可，而此种丰富经验，必须在野外生活中打定基础者也。高中学生，应时与以接触自然之机会，并开始此种科学训练，籍以增进研究地理兴趣。抑有进者，野外生活，在地理教育上之价值，不宁维是，其当有种种有助于生活上发展之能力，兹列举数项如下。

1　能养成综合观察之能力

吾人登高山之巅，纵目展望，但见停泓若练之江流白帆时出时没，皎洁如镜之湖泊，游艇载浮载沉。浮屠高耸云际，车马驰骋道上，寺观庄院，隐现于苍红翠绿之中，凡此呈于眼帘之景物，无一而非地理之现象也。台维斯常谓："地理学乃眼目所见之现象。"又彭克（A. Penck）见由飞机所摄战时机密照片而曰："此图中乃有不少地理现象所缠系者也"。此寥寥数字，地理之特质毕现。吾人于野外观察各种有联系之复杂现象，复有直观取得该地域景观

---

　* 本文原载《地理教学》1937 年第 1 卷第 3 期。

　作者简介：周廷儒（1909—1989），男，中国科学院院士（原科学院学部委员），北京师范大学地理系（现地理学与遥感科学学院）教授，中国著名地理学家，中国古地理研究奠基人。

察之特色，实为地理学之特点。野外考察，对于地理教育之贡献，即从实际观察方法，养成综合研究事物之能力。地理教育具有总揽地域文化的、具体的全部形态之力，此不单训练地理眼光，且有助于物的全体之观察，及美感之养成，有俾迅速完成走上社会之指针力也。

2　培养文化价值创造力

人类与自然间之关系，古代东西哲学家、历史家、医学家早已论及，不只近代地理学家所注意之事也。古医学者布克拉底斯，所著"空气、水及场所"(Air Water and Places)一书，已详论外部自然环境差异，形成不同之人种型式与社会形式。他如亚里士多德、斯塔拉布诸学者，亦均有此种说明。近世孟德斯鸠、培开儿诸社会学家及立脱(Ritter)、雷采儿(Ratzol)、赛布尔(MissSempel)、汉丁登(Huntington)诸地理学家，更倡人类如何受自然制约，如何应顺自然，又如何征服自然等。论者意见分歧，莫衷一是。总之，人类一方为环境之子，一方为意志之子，二面均相互掣肘者也。地理学研究两方互交作用所成之文化相，非概念的，而系具体的、实证的。地理教育，即指示人类适应自然环境之必要，当如何选择之，如何利用之。野外生活，乃为达到此种教育目的之工具。人类在文化客观上，不绝创造自然，故须了解自然理法如何？如何不受自然阻力，而始克生产，故野外考察，当注意此种自然与人类关系，养成学生文化价值之创造力，且可为今后营文化生活之暗示针也。

3　训练实际社会生活之知识及能力

现代教育，以生活为目的，"教育生活化"、"实际化"，诸般口号，高唱入云。其于地理教育固应有如何之贡献乎？夫人日常生活，与地球表面之自然关系，殊为密切，且包括各种文化现象。苟吾人漠视地理环境，或竟不信个中理法，亦得浑浑噩噩而生活。实际上，必为不便利、不经济之生活耳。盖人类为环境之产儿，乃由地理现象中吸取养分，而资生长者，故吾人实际生活，大部由地理知识所建立，且从野外观察，所得尤多，实非过言也。试举数例，如食粮、衣服，为生活上绝对必要品，此种学识，经济学所负任务为最大，但地理学以另种方法，满足生活上之知识。经济学，为论财富之生产、交换、分配、消费诸过程之科学也；地理学之特质，系由野外观察此等财富之全体，与土地接合关系，并求其综合的具体的知识也。吾人以不可或缺之谷米而论，由野外观察方法，研究一区米产之地理条件如何？其与该地产业生活有何关系？其分布状况与邻地需要情形若何？偶尔发生天灾人祸，人民生活当起何种变化？此种全体关联诸问题，乃日常生活所资者也。又如衣服材料、丝棉等品，出产于何处？原料由何处来？其于交通、文化、经济上有何密切关系？此种知识，亦均有野外观察之地理教育所给予者也。凡直接参与国政之当局，或图为目的之企业家、商业家固应明了此种知识。即对于吾人之生活间接影响，亦甚深巨。是故吾人宜于野外考察上养成求得此种有用知识之能力，实为地理教育之本旨也。

4　养成深刻国家观念

我中华民族，立国于世，有史足征者，五千年，文化阶梯(kulturstufe)已趋极高之域。吾人于野外所见种种人文景色，无一非先民筚路蓝缕，从各方面奋斗努力之成绩也。我人将为倾家荡产之纨绔子乎？抑将为克绍箕裘之贤儿孙乎？夫有遗产而不知惜护者人恒讥为败家子；有美丽河山，而不克自保者，其必沦为他国奴。今国家处境，日益危殆，吾人必翻然觉悟，确树深刻爱国之观念。欲知国家之真可爱，第一步应先理解祖国之地理实况。野外考察，俾审知己国不如人处种种劣点，激动自觉发奋之心理；了解己国天惠自然之佳良，使益自尊其国土。现时学生，使对国家有真正理解，即可使其明了将来国民应负之使命，而地理教育目的达矣。故余意此种教育，实比其他教育之价值为高。

Fieldwork and Geography Education

Tingru Zhou

编者按：在纪念周廷儒先生百年诞辰之际，北京师范大学地理学与遥感科学学院"区域地理国家级教学团队"指导本科生对周廷儒教授的部分后学作了访谈。他们有的是周先生 1950～1970 年间教授的弟子，有的是周先生在国务院学位办改革研究生学位制度后招收的第一批博士研究生。他们曾与周先生共事，又在周先生身后承担了创新发展重任。本次访谈共五个方面，分别是：①周先生的学术贡献；②周先生的品质；③周先生作为系主任的成就与贡献；④周先生在科研方面的突出表现；⑤周先生在教书方面的特色。以下是访谈实录整理，在发表前已征得被访谈者本人同意。

大师风范　继承创新
——后学口述周廷儒

张兰生，赵　济，李华章，任森厚，李容全，
武吉华，邬翊光，史培军，邱维理，方修琦
北京师范大学地理学与遥感科学学院，北京　100875

张兰生先生[*]

周廷儒先生是我国最早响应周恩来总理号召、回国参加社会主义建设的老一辈科学家之一。

周先生一生对地理学的贡献无数：第一方面的贡献是在古地理学研究方面，这也是他最为突出的贡献。他是第一个用景观地带原理恢复从第三纪到第四纪自然地带的学者。周先生阅读了大量古生物资料，并做了大量的野外实地考察和研究，在 1960 年发表了题为《中国第三纪第四纪以来地带性与非地带性的分化》的重要论文。这在当时是绝无仅有的。周先生是深入研究中国地理环境的过去、现在状况的第一人，为该研究在中国地理学以及社会经济中的应用发挥了重要作用，为后来的中国景观地带划分奠定了基础。第二方面的贡献是在自然地理方面。古生物对环境最敏感，周先生提出要综合各要素研究自然地理，其中气候为主要因素。汪品先院士评价周先生为古气候研究的奠基人。周先生的地球系统科学的思想方法非常重要，他强调自然地理要综合，这种思想一直是地理学得以发展和取得进步的基石。周先生在北师大开创了"中国自然地理"课程，它是现在"中国地理"课程的前身，这使得北师大成为当时最早开设"中国自然地理"课程的单位之一，很多其他地方院校和中学教师都来北师大进修学习"中国自然地理"。第三方面的贡献是周先生研究古地理时提出的"研究过去，认识现在，预测未来"的观点。

周先生无论有多难，即使遇到"文化大革命"期间的政治运动，都直面困难，把握方向，坚持地理学研究。大家都很尊重周先生，给予他很高的评价。周先生平易近人，生活俭朴，无论何时，对组织都不会有特殊要求。他实事求是，对学生要求严格，但不苛求，而是尊重每一位学生。周先生要求学生的地理论文必须要搞野外、实际和有原创性。周先生从不在背后议论人，从来都是开诚布公、认真办事。周先生从来不张扬，生前从不搞庆祝之类的活

---

* 张兰生(1928—　)，男，教授，地理学家。主要从事中国自然地理学、环境演变、自然灾害和地理与环境教育等方面的教学研究，是我国环境演变研究和环境教育的主要倡导者和推动者之一。曾是周先生的助手之一。

动。周先生做学问实事求是，且富有学科前瞻性，当年遥感技术还没真正在中国出现的时候，周廷儒先生已经开始投身这一领域，并鼓励学生和他一起去听课。周先生作为长辈，对晚辈很是关心。我刚刚来北师大的时候，任周先生的助教。当时得了阑尾炎，刚刚做完手术，一个人躺在空落落的病房里，非常无助，只有周先生常来看望我。作为系主任的周先生对我来说是领导，更是长辈，但我从来不怕周先生，因为他虽然做了 30 年的地理系系主任，却没有一点官架子，我把他当做了自己的亲人。周先生非常大度，作为系主任，家里却没能像其他系主任一样安装电话，但他一点都不计较；做"代"系主任一做就是几年也不抱怨。

周先生作为系主任，任期很长，即使除去"文化大革命"10 年，也有 20 年，尤其在1952～1966 年期间对地理系贡献很多。在特殊历史时期，周先生作为地理系系主任，也曾遭遇不幸。但在地理系的建设、地理学科的性质以及地理系发展和人才培养上，周先生始终把握住了方向。1958 年"大跃进"，教学改革之风泛滥，同学中有"砸烂地理系"的口号。当时分两派，一派要废地理系，而另一派则是保地理系。周先生是保地理系的领导者，因为他才有了今天的北师大地理学科的存在和发展。当时地理系非常重视地理教师的培养，培养了许多中学特级教师，后来放弃了这块阵地，开始重视科学研究。对于地理学科的性质，周先生一直坚持"地理学是综合的"，他有形象的比喻：综合是地理学的指挥棒。乐队里，各种乐器都有，但指挥棒是最有用的，没有了指挥棒，各种乐器都发声，将会多杂乱无章！他也把握住了地理系的方向，那就是综合。北师大地理系能站在同行之列，与中国地理研究所从来没有脱节，与中国科学院接得上，与整个地学研究都能很好地衔接，都是周先生的功劳。除北师大地理系系主任外，当时周先生还兼任中国科学院的研究员，也正因为周先生的关系，北师大才得以参加很多地理学方面的国家重大项目、参加中国重要地理问题的研究，如铁路选线研究等，也才使得北师大的地理学研究没有和中国最前沿的进展脱节，并保持了领先地位。在著名科学家竺可桢主持的中苏合作的新疆地貌勘探项目中，周先生担任新疆地貌组组长，带领了很多北师大地理系的同仁去新疆考察。在中国科学院的帮助下，在周先生的领导下，北师大地理系保持了学术地位。周先生在北师大地理系教学方面也发挥了很大作用。当时学校每过一段时间，就要制订一次教学计划。每一次课程计划修订，周先生都会参与。周先生基于他的学习工作以及在美国很长时间积累的丰富的教学经验，为北师大地理系课程设置提供了有力的支持，甚至在学科建设方面，可以说是起到了非常重要的作用。周先生后来投身古地理学研究，使北师大地理系开拓了古地理这一方向，并在全国保持领先。

周先生野外工作经验丰富，他的野外功底被公认为是最好的，与他一起非常容易就可以学得到许多知识。他生活不讲究，不用照顾，对野外生活要求很简单、很朴素，还经常照顾我们这些年轻人。在做学问与著书方面，周先生在 20 世纪 60 年代初就致力于古地理研究，完成了《中国自然地理·古地理》的写作，还建立了一个实验室（不幸受到了"文化大革命"的重创），当时在同龄人里备受瞩目。周先生在自然地理方面是一个全才，他对自然地理学各个方面都很熟悉，并且都有自己独到的见解和创造性的理解。这使得周先生成为中国近代地理学的奠基人之一。即使这样，周先生也从不张扬，而是非常低调，始终都兢兢业业地做着自己的研究和探索。周先生等老一辈地理学家都是怀着对地理学极其尊重的态度进行地理学研究和探索的，他们把地理学作为自己终生奋斗的事业，早已经把地理学当成了自己生命中最重要的一部分。

在周先生执教期间，学校使用的教材都是苏联翻译过来的。周先生因为深度近视，看稿子做笔记很辛苦，还有浙江口音。但是周先生讲课内容很精彩，上课特别认真，备课非常认真严肃，总是翻阅国外资料和资料室的外文杂志等，他对国外动态很熟悉，习惯用综合、抽象的方法写讲义。周先生的讲稿很细致，都是从国外资料整理出来的，在周先生的课堂上，学生经常能听到自己看不到的东西。许多学校如石家庄师院（今河北师范大学）、辽宁师大，都会派老师来进修，这些老师都成为周先生名副其实的"研究生"——当时并没有实行研究生制。曾经有两位海军军官需要了解中国海岸线和海岸地貌的情况，也来北师大地理系进修，周先生还专门为他们两位讲课。周先生重视年青一代教师的培养，使北师大地理系走出了赵济、武吉华、李天杰、任森厚等一大批优秀学者。

赵济先生 *

周先生在地貌学、自然地理学、古地理学与环境演变等领域作出了杰出的学术贡献，这已经有许多文章专门论述。周先生开创了古地理研究方向，揭示了中国新生代古地理演化规律，最早提出了古季风建立的时间，探讨中国东部第四纪冰川环境的问题。1984 年，他编著出版《中国自然地理·古地理》分册，进一步充实了中国自然地理内容，并开拓了研究的新领域。周先生在地形学领域造诣很深。他在中山大学学习时就写出了有关广东地形研究方面的论文。毕业后给 W. Panzer 做助教，主攻地形学。20 世纪 40 年代，与李承三先生等进行嘉陵江流域考察研究，对嘉陵江曲流、离堆山、穿断山等做了深入研究。"离堆山"这一地貌学名词，后来被收入全国自然科学名词审定委员会公布的《地理学名词》中。此外，他对祁连山地、环青海湖、柴达木盆地东部等地区都进行过实地考察，发表了多篇高质量的论文。1952 年，周先生讲授"中国自然地理"课程时即开始研究中国自然区划。1954 年他受教育部委托起草了"中国自然地理教学大纲"，大纲中就附有中国自然地理区划方案。20 世纪 60 年代，他又连续发表多篇有关中国自然区划的论文。1983 年，他发表的《中国第四纪古地理环境的分异》，阐明了我国三大自然地理的分异规律。这些论著都是我国区域地理领域的重要文献。此外，周先生对"中国自然地理"课程建设也作出了重要贡献。

周先生品德高尚，值得学习。主要表现在以下几个方面：首先，周先生在野外考察时吃苦耐劳。他带领我们野外实习时曾多次住破庙，夜宿火车站候车室的水泥地。在北京房山实习时，我们三十多人只靠老和尚给的一小碗供米和两个南瓜煮的粥充饥。在天山山地考察时，有人要求用马驮运行军床，但周先生从不给别人添麻烦，携带的行装十分简便，和大家一起睡卧在草地上。当时没有电动剃须刀，周先生不用刀架，只带一个刀片刮胡子。他曾在天山 4 000 m 的海拔高度上被马摔晕倒地，醒来后继续进行考察，行政人员和青年同志对此都十分感动。其次，周先生生活俭朴。1950 年刚回国时，一家四口住在石驸马大街北师大职工宿舍的一间小房内，后来才搬到北师大小红楼的住所，但家中陈设一直极其简单。师母陈茂贤操持家务，子宏英、女玮杰学习和工作都十分优异。周先生曾对我说，宏英出生时，他正在祁连山考察，不能赶回家照应；玮杰出生时，他在美国留学，也未尽力，对此感到十分内疚。1965 年，玮杰高中毕业，决心到西藏支边，周先生坚决支持女儿的志愿，亲自到火车站送女儿去西藏，令人钦佩。最后，周先生尊重事实、尊重科学、尊重他人。周先生在讲课时、在日常工作中言传身教，要求我们尊重事实、尊重科学、尊重他人的长处。讲每个重要地理问题、讲主要地理区域时，周先生都要详细介绍哪些学者对这些问题做过研究、主

---

* 赵济（1930—　），男，教授。长期从事自然地理和遥感应用的研究以及中国地理等教学工作。1953 年开始任周先生助教。

要观点是什么、不同学者对这些问题有什么不同见解、现在还存在什么遗留问题需要研究。在介绍每位学者时，都要肯定他们在学术上的贡献，即使在学术上不同意某些人的观点，也会先肯定他们的工作成绩，然后摆事实，提出自己的见解，进行研讨。正是周先生这种优秀的学风，引领着我们这些学生既要认真求学，又要踏踏实实做人。

周先生与地学界许多老一辈科学家有很深的交往，每次参加地学部会议、地理学会会议、地理学报编委会会议以后，他都会给我们带回许多信息：竺可桢先生每周用两个下午阅读各种期刊，掌握国内外学术前沿；黄秉维先生为解决一个问题废寝忘食而被关在图书馆内，在地理学领域不断创新。他还经常向大家介绍我国著名地学家的考察经历和工作成就，使我们知晓许多科学家的高贵品德与学术贡献。周先生鼓励青年教师虚心向先辈求教，要与有关单位的同事合作共事，不要争名利。周先生等老一辈科学家建立起来的这种和谐合作精神需要我们后辈继承，发扬光大。

1952 年，周先生担任地理系主任，直至 1983 年。"文化大革命"十年间，周先生的系主任职务虽未被免去，实际上已无法行使职权，所以应该说，周先生主持系务工作 21 年。20 多年间周先生为建设发展北师大地理系做了大量工作。首先，他领导学院大力贯彻党中央关于改革旧教育和学习苏联的指示，"全面"向苏联学习，对教育制度、教学内容、教学方法、教学组织等都进行了有计划的改革，包括制订新的教学计划并草拟全国高等师范院校地理系教学计划、编写教学大纲，拟订全国高等师范院校通用的"中国自然地理教学大纲"、组织教师编写教材，健全教学组织，改进教学方式，建设实验室和野外实习基地，建立完整的教育实习制度和工作方法等。其次，周先生注重人才的培养，包括研究生、博士生、函授生、中青年教师及进修教师等的培养。在周先生在职期间，北师大地理系培养出了许多优秀的人才：据不完全统计，在各高校任校长、副校长、系主任的约 20 人，任中科院地理研究所党委书记、中科院地理研究所副所长、南京地理研究所所长、河南地理研究所所长的各 1 人，任出版社社长、总编辑的 8 人，全国特级教师 20 多人，中学校长数十人，以及其他在教学、科研、政府职能部门、企业、文化各条战线上的众多毕业生，他们都勤勤恳恳地为祖国的建设事业奋战，做出了优异成绩。再次，周先生十分重视科学研究，他身体力行，参加多项重大科研项目，并著书立说。他经常告诫青年教师，只有参加科学研究，才能不断提高教学质量。因此，地理系也多次参与举行科学讨论会，以提高科研水平。此外，周先生利用多种方式开展国际学术交流，邀请众多学者来系访问。改革开放后，北师大地理系与国外的学术交流日渐增多，派遣了许多教师、研究生到美国、英国、德国、澳大利亚、日本等国学习，也邀请许多外国地理学者来系讲学、访问，进行广泛的合作交流。

周先生在新疆考察时，工作十分勤劳，成果丰硕，在地貌、古地理、自然地理等方面有很多开创性成果。首先，周先生主持编写了专著《新疆地貌》。这不仅是系统介绍新疆地貌的第一部著作，而且是我国省区地貌的第一部专著。这部专著打破了传统的区域地貌偏重地貌分区描述的写法，重点讨论干旱区地貌形成的若干问题，这些专门的地貌问题讨论为深入研究干旱区地貌奠定了基础。此外，还编制了新疆地貌区划图和 1：1 000 000 地貌图；研究了塔里木河中游河道变迁及其原因，以及河道变迁引起的景观变化；对罗布泊的迁移问题提出了自己的见解并绘制湖泊变迁图，其观点及罗布泊变迁图为多人所引用；对新疆山地冰川进行考察后，提出了阿尔泰山、天山山地等第四纪存在三期冰川活动的观点；考察天池地区，提出了独特的见解，并得到多数地学工作者的赞同；研究新疆第四纪陆相沉积，编制了新疆第四纪沉积物分布图，这是一项创新性成果；研究新疆古地理问题（周先生在 20 世纪 50 年代就开展这些涉及全球变化的研究是难能可贵的）；结合新疆经济建设，开展地理研究；编制新疆综合自然区划，这是新疆最早的综合自然区划工作。

　　周先生从 1951 年起主讲"中国自然地理"。周先生学识渊博，讲课时旁征博引，每讲一个区域地理问题都要阐释其形成背景，论证其地理范围、地理尺度、地理结构、环境演变以及开发利用的途径等，结合他的丰富的野外考察经验，对一些有争议的问题，还告诉学生如何分析判断问题分歧产生的原因。听周先生的区域地理课，不仅可以了解该区域的地理事实，而且更重要的是可以学到区域地理的分析方法。周先生认为，讲中国自然地理，重点是讲区域分异规律，分析不同类型区域产生差异的原因，强调建立空间、时间多维概念。他讲课时经常利用地形立体图解、素描图等（当时还没有卫星图像）体现地物空间差异和时间动态的形象思维方法，在当时缺少参考书、地图集的条件下，这种教学方法极大地开拓了学生区域地理学习的思路。

李华章先生 *

　　周先生在中国自然地理区划、新生代古地理、地貌学、第四纪地质学和气候规律等方面都进行过研究并作出了突出贡献，其中在中国自然地理区划方面的贡献最为突出。他曾实际考察过中国的很多地方，对中国自然地理进行综合分析，为我国的区域自然地理研究作出了突出贡献。周先生非常注重实践，并把实践成果充分体现在著作中，由于是从实践得结论，往往能够有自己独特的看法，也正是基于此，周先生对中国自然地理的区划作出了开拓性的贡献。

　　周先生在地学界的名声很好，他的良好品质表现在很多方面。首先，周先生的政治水准很高。他非常理解国家的时代现象，对国家只是回报，即使深受委屈也从不埋怨。周先生很爱国，于 1950 年响应周恩来总理的号召从美国回到祖国怀抱，决心为祖国的建设作出自己的贡献，为此他放弃了在美国优厚的条件，是最早回国并参加国家建设的科学家之一。其次，周先生生活很俭朴，从不讲究生活条件。再次，周先生很能跟学生同甘共苦，在野外实习的时候，他毫无老师的架子。即便大多数时候吃的是粗粮，住的是破庙草堆，但周先生也从不抱怨。他总是以 100％的心态去对待学生。周先生脾气特别好，从不训斥学生，对学生很亲切和蔼，但作为长辈，周先生对学生的要求很严格，要求学生的论文必须以实践为主。学生在其面前不拘束，但都十分敬重他。另外，周先生对新鲜的有进步意义的事物给予极大的支持，在当时，周先生就对遥感极其推崇，并且强调使用航片时一定要抓住宏观效果，可以说是当时"与时俱进"的代表。

　　周先生在做系主任期间做了很多工作，不仅对系里，而且对中国的地理课程设置也都具有非常大的贡献。周先生带领师生努力工作，把持方向，坚持正确的认识，与党同心。周先生在职时，为学院里添置了一些实验仪器，在管理上借鉴苏联的教学大纲，并融入自己的东西，使教学逐渐走向规范，为地理教学作出了应有的贡献。周先生当时教授的很多课程几乎都没有教科书，有的是周先生边教边编而成的。周先生任职期间所做的工作对现在北京师范大学地理学与遥感科学学院的课程设置具有非常重大的意义和深远的影响。

　　周先生在科研方面的突出成就表现在四个方面：首先，周先生具有雄厚的地理学基础，进而具备进行系统研究的基础。其次，周先生的科学、务实精神，认真的科学态度十分值得

---

　　* 李华章（1931—　），男，副教授，是周先生回国以后教的第一批学生之一，主要从事第四纪古地理研究。

学习。他野外工作十分刻苦，亲自探索，务实研究，对待科学的态度十分严谨，并能够以点带面推动研究。这方面的实例很多。再次，周先生的研究思路往往具有创新性。周先生在20世纪60年代初开始研究古地理时，主要从自然地理的新方向进行古地理研究，并说服了科学界，得到科学界的认可。周先生在研究古地理时，首创地要求加强设备、利用数据分析结果，不能只靠肉眼观察。最后，周先生开创的思想完善、明确，具有整体性，而且具有很大的生产指导意义，从地貌到自然地理，再到古地理，整体的思路是"了解过去，认识现在，预测未来"。在研究古地理时，周先生集中搞新生代，认为新生代与现在密切相关；在预测未来方面，周先生协助预测与生产密切相关的信息，通过研究沉积物中相关要素的分析带来新的发现，利用古地理研究的成果帮助寻找陆相石油。

　　周先生不仅是著名的科学家，也是杰出的教育学家。他对待自己的教学工作非常热情，不断努力提高学生的心理素质和科学文化素质。周先生教授了很多门课程，从最初的"地貌学"，到"测量学"、"中国自然地理"等课程，基本上都是边授课边写教材，很是辛苦。在授课的过程中，周先生不时向大家推荐优秀的参考资料，以加强学生对所学知识的了解和理解。周先生非常重视学生的实践活动，经常亲自带领学生或者年轻教师进行或短途或长途的实践实习。他在野外实践过程中，经常启发学生的学习思维，先让学生们自己观察，再作系统总结。在野外考察时，周先生都和学生同甘共苦。

　　周先生的一生都在致力于中国地理学事业的发展，了解过去，认识现在，预测未来——这是周先生业务的重要指向。

任森厚先生*

　　周先生最大的贡献在于古地理、自然地理和地貌三个方面。首先，最重要的是古地理方面。他首次在中国提出了景观地带原理，并用这种原理恢复了我国第三纪和第四纪的地带环境。与很多国外的科学家相比，周先生对中国过去、现在的状况作了更深入的了解，为这方面的理论在中国地理学中的应用作出了突出的贡献。周先生首次在中国提出"了解过去，认识现在，预测未来"的思想，并将其应用到实践中。周先生在古地理方面的成果集中体现于他的论文《中国第三纪第四纪以来地带性与非地带性的分化》和著作《古地理学》中。其次，在自然地理方面，周先生首次在中国提出"地球系统"的概念。汪品先院士曾评价周先生为古气候研究的奠基人。周先生一直强调自然地理学中的"综合"思想，这种思想是地理学取得发展和进步的基石。最后，在地貌方面，黄秉维先生、周立三先生向来肯定周先生的野外实践能力和地貌功底。周先生可以单纯地通过阅读当地的一张地形图，把从来没去过的地方推断得近乎精确——一张图就是一本书；周先生读剖面的能力也很强，可以将剖面解释得近乎完美。

　　周先生的品质非常好。从做人、做事角度来讲，他平易近人，毫不挑剔。去参加地理学会时，他对生活条件从不挑剔。他从不在背后议论别人，人际关系很好。周先生对待事情很认真，即使在"文化大革命"时被派去化工厂管理工具，他也照样非常认真，戴着高度近视镜一件一件地整理工具。生活上，周先生非常俭朴。他做人很低调，从不夸耀自己的成果，而总是虚心听取别人的评价。他很爱国，从国外回来，加入了共产党，在与苏联学者的交往中也只谈科学，"文化大革命"时，依旧在读德文的《共产党宣言》和马克思主义相关理论。从做

---

　　* 任森厚(1936—　)，男，教授，主要从事古地理学、人文地理等专业研究和教学。曾与周廷儒先生共事。

学问的角度来讲，周先生对地理学的研究认真、专注。他不提倡地理人去搞别的科学，因为他觉得没有基础，不会作出突出贡献；他每天脑子里都装着科学的问题，即使在"文化大革命"时期也不例外；他的图一定要亲自画，从不让别人代画或者直接使用别人的成果。而且，周先生坚定地坚持科学精神，绝不扭曲科学去迎合别人的看法。科学问题上他从不让步或者妥协，即使特殊时期遭遇政治运动时，他依旧坚持真理，实事求是，并没有放弃对科学的坚持。

周先生在担任系主任时主要是把握院系发展的大方向和人才培养的核心目标。在"文化大革命"等干扰下，他仍旧要求系里该搞什么搞什么，不能丢掉了自己的任务，使得北师大地理系一直坚持自己的研究方向，而没有偏离重心。在自己的教学科研上，周先生一直认为智育第一，业务至上。在科学上周先生从来都很严谨，一直在学习，一直在进步。在某一个地方进行研究时，通常都是从三个维度进行阐述：了解过去，认识现在，预测未来——对这个地方的过去和现在认识充分后，再综合考虑各种因素，对该地进行研究，并作出预测。周先生的野外实践能力非常强，并且科学谨慎。他从地图上就可以解释一个地方的地貌、环境、演变过程并作出演变结果预测。在笔记和野外记录方面，周先生也都始终都保持着极其严谨和实事求是的态度，对科学研究的问题，一向是亲力亲为。

周先生在教书方面的特点有三个：从课堂教授来讲，由于周先生的外语功底和基础理论功底都非常扎实，而且他经常看多种语言的书籍报刊和外文资料，加上其备课极其认真、讲稿极其详细和工整，因而每节课上，都会有新鲜的东西传授给大家，总能在课上给学生带来他们自己很难看到的东西，即使两次讲同样的主题，都会让大家感觉有质的飞跃。他一直在前进，一直在探索，一路前行。从对学生的态度来讲，周先生积极关怀并鼓励学生，对学生严格要求，并要求学生实事求是，从不夸大学生的优点，不追捧学生，但同时尊重学生，不贬低学生，从不苛求学生。周先生对学生的实践能力要求很高，要求学生从实践中获取知识——研究生写论文，必须要搞野外实践，数据必须是原创的。他对学生的外语要求也很高，要求学生必须通过考核。周先生对助教的要求也很高，即使再怎么厚的书，只要需要，也必须要读。此外，周先生教学中很有专业领域上的前瞻性。当年在遥感技术还没真正在中国出现时，周廷儒先生已经开始投身这一领域。当时他的年岁已经比较大了，他就鼓励学生和他一起去听课，让学生第一时间开始接触遥感，这也使北师大的遥感研究一直在全国高校中处于领先地位。

李容全先生[*]

周先生最突出的地方首先表现为他很博学，从周先生的论文集来看，周先生的知识范围很广，包括人文地理、自然地理的诸多方面，尤其是地貌方面很是突出，王乃樑先生曾经评价说周先生是中国唯一博学的地理学家。此外，周先生弄清了"地理是干什么的"，并且在他的研究实践和学术讨论实践中，都在贯彻"地理是干什么的"的概念。当时很多人怀疑地理没有自己的研究对象，总是侵占别人的领域。但是周先生却很清楚这个问题，这也可能是周先生能取得这么突出的成就的原因之一。周先生的另一大贡献是提出了地理学研究的时限——古地理，且是搞"演变"，而不是搞现状，找到了地理学真正要研究的问题，为地理学指明了方向。另外，周先生几乎一个人独立完成了《古地理学》这本专著，非常了不起。他以身作

---

[*] 李容全（1937— ），男，教授。从事地貌学、沉积学和第四纪环境方面的教学与科研工作。曾与周廷儒先生共事。

则，综合利用各种方法进行研究。周先生把中国的地理环境的形成讲清楚了，这也是他对中国地理的又一大学术贡献。周先生把第四纪的研究提升到了顶峰，并揭示了青藏高原对印度洋季风的作用，在这个前提下，解释了中国东部中纬度地带为什么不同于世界同等条件地区而成为鱼米之乡的原因。他是北京师范大学先进思想产生的来源之一，中国环境格局形成原因便是周先生提出的。此外，周先生的另一个贡献就是在其研究中，体现了"地理的影响因素是分等级的"这样一个思想。

周先生为人忠厚、正统，从不走后门，也绝不压人——绝不以个人的成见压制年青的一代。他放手让同事们去做事情，作为系主任，对系里年轻的副主任要做的事，总是尽大力支持，不把自己的观念强加于人。

周先生对地理系的贡献主要体现在两个方面。首先，在行政上，由于政治环境和"文化大革命"的原因，表现得十分谨慎，但是在那种政治背景下，作为系主任，周先生维护了全系搞地理研究的大方向，这是十分不容易的。其次，在学科建设上，周先生坚决反对当时有些人提出的取消地理系数理化课程的建议，实践证明这是非常明智的；并且，周先生支持当时的环境沉积学（岩相沉积学）的研究，这对学生们学好地理学具有重要意义。

周先生的科研造诣是顶尖的，他的思想非常全面，在综合研究时论证全面，如研究区域，必分侵蚀区、过渡区和堆积区，在专题研究时，一定会选变化明显、证据确凿的研究对象。

周先生对于年青一代的态度是，老师教授学生知识并以身作则影响学生，而学生接不接受这种影响、学术水平高不高则在于学生自己的修行。在带学生上，他不是先讲，而是让学生先看，然后再提问。周先生热情好客，积极与学生切磋地理学问题，并且他善于听从学生的建议和学生对问题的看法，欣赏学生，赏识人才。

武吉华先生[*]

周先生的最大的学术贡献在于古地理方面。周先生独树一帜，从地理方面去研究古地理，比较综合，突出气候变化，兼顾地貌学、古气候、地质构造、地貌基础、古生态环境等方面。周先生突破了从地质学角度研究古地理的研究方式，扩大、完善了古地理的研究。周先生的另一大学术贡献在于中国自然地理方面的创造性新见解，如三大区的划分，东北、华北的区划等。他以地貌为基础而扩大区划研究，全面审核区域。周先生是在自己的大量实践和阅读大量文献的基础上，反复论证得出令人信服的结果，才作出如此突出的贡献的。周先生向来都是亲自调查、考察、分析之后得出结果。比如周先生从植物地理、地貌、沉积等各个方面考察收集资料，考虑沉积物的结构、组成，从大环境考虑，否定了庐山大冰川的存在。

周先生坚持他认为正确的看法，但不是简单的坚持，而是以理论理，用事实来证明。周先生对学术争论不看名门望族、不受别人的名气影响——不管对多大的人物，只要他的看法有错误，周先生也会直接说出自己的看法。周先生很重视工作，要求必须深入、细致，且以身作则。周先生没有老师的架子，没有院士的派头，不拿官腔，深入群众，对人非常关心但不絮叨，会在关键时刻提出意见。与学生之间没有任何隔阂，带学生野外实习时，认真对待，而且毫不讲究生活条件。周先生对学生从不会很严厉地命令、要求学生必须干什么。周

---

* 武吉华（1929— ），男，教授，主要从事植物地理方面的研究。曾与周廷儒先生共事。

先生对年轻教师很重视，鼓励年轻教师学习外语，接触广泛的资料等。对教师的外语要求很高，非常强调外语考核。并且他以身作则，对自己的外语也很重视，他掌握多种语言，经常阅读多种语言的参考资料，这也体现了他刻苦严谨求实的治学态度。

周先生当系主任时间最长。行政上，他不纠缠于琐碎事物，而是把握大事和大方向。在学科的建设上，周先生重视学科建设。他对古地理、中国自然地理学科的贡献很大。"文化大革命"期间还是把古地理学的研究坚持下来了，并且做出了成果，这是很不容易的；周先生对其他学科也很重视，如植物地理等，并支持将植物地理作为古地理研究的核心。同时，他对新学科的发展也很重视，如遥感、计量地理等，他非常鼓励年轻老师在这方面下工夫。周先生强调学习地理要全面，各个学科都要好，认为地理学的发展不是靠某个部门发展起来的，而只有全面才能可靠、真实地解决地理学问题。此外，对地理学习，周先生强调扎实基础。他认为，基础是一辈子的享受，无论搞什么，有宽厚扎实的基础，才能谈得上进入其他方面进行发展；基础弱则越发展越窄，越被动。周先生在研究时会重点突破，比如研究古地理时强调要选择一个研究基地。

邬翊光先生[*]

周先生对中国古地理的变化有一个新的认识。他经过考察，并基于其在地理学、地质学、地质物学等多方面深厚的地学造诣，首次提出东亚地区尤其是长江流域不可能有大陆冰川。

他德高望重，实事求是。周先生为人很朴素、低调，谦虚谨慎，听取大家的正确意见，热爱教育，热爱学生，与同事关系融洽。生活上很俭朴，野外实习很能吃苦（参考邬翊光老师《三院士野外考察磨难记》）。他对子女的要求也很高，亲自送女儿去西藏支援建设。

周先生作为系主任，学习苏联，但不盲目学习，而是结合中国实际。他主张重视师范教育、重视中学教学，认为中学教师要有很高的学术水平，要很会教学。所以周先生在职时，地理教育方向的教师就有 5 名，占总教师的 1/6。在师范教育中，周先生强调几个原则：知识和能力，能力是第一位的；理论和实践，实践是第一位的；宏观和微观，微观是第一位的。同时他特别注重几个能力：野外实践能力、外语能力、教学能力——教会学生教学。这对北师大地理系的建设产生了深远影响。

周先生是个严谨的人。他很专，又很广博——古地理、地貌是专长，在其他诸如地质学、土壤地理学等方面也有很深的造诣。他以综合的思想研究区域，对学术上的不同意见，秉持谦虚的态度。

周先生在课上讲得比较多的是与自己实践内容相关的东西。且他上课突出重点，主要讲学生不懂之处，给学生留出发挥的余地，主张学生与老师多讨论。周先生要求学生自己动手写文章，对写作规范和科学术语要求较高。他常批评年轻教师"眼高手低"。周先生的教学思想是启发式教学，根本上就是调动学生积极性，让学生独立思考，发表自己的意见。他主张加强讨论和互动，强调"授之以鱼，不如授之以渔"。

＊ 邬翊光(1931—   )，男，教授，不动产学院学术委员会委员，土地研究中心顾问，主要从事经济地理的研究和教学。曾与周廷儒先生共事。

史培军教授*

周廷儒先生为人很正直，品德高尚，是一个儒雅学者，真可谓"山高水长"。周先生人甚为厚道。从不批评学生，对学生很是关怀。周先生与同事相处得非常好，他做了30年的系主任，没有一个与之共事的人说他的"不是"。周先生在地理学会中，从不把别人的短处作为自己的出发点，而都是鼓励性地评论。

周先生很爱国。尽管他是一个不善言谈、不善激动的人，但是他拥有对国家、对事业的无限期望、无限热爱、使命感和责任感，有一种追求真理的精神。周先生拥有真正的爱国主义精神：祖国一召唤，就带着对国家的无限希望，从国外归来，他真正地希望国强民富！

周先生很是认真、严谨。他的三本著作很能体现他的这种精神：《新疆地貌》是区域地理的杰作，体现了周先生考察工作的认真细致；《新生代古地理》获得了国家自然科学奖二等奖，是中国新生代古地理的奠基；《古地理学》开创了古地理学，是学科的奠基。这些都是周先生系统性、开创性的重大贡献。

此外，周先生有种坚忍不拔的品质：周先生担任系主任30年能够坚持与同事友好和睦相处，这证明了他拥有与同事团结合作的精神；周先生还曾连续七年到中国地质资料室查阅资料；周先生为获取岩性资料曾找了近万个钻孔。

周先生的外语很好，俄语、德语、英语都能对答如流，能够阅读到最好最先进的资料，因而周先生的学术视野很开阔，所谓"站得高，看得远"。

此外，周先生对地理学科的发展方向认识得非常清楚，他是学科的带头人。在当时周先生就已经认识到地理学科的未来发展方向包括全球变化（当时周先生就说全球预测要"作图"）、资源和灾害，而现实印证了周先生高远、明智的学术眼光。

周先生做学问的三个要点是：能够预测到学科未来发展方向的深邃的学术眼光；严谨求实的学风；脚踏实地地工作，并且持之以恒。

从培养学生的角度讲，周先生对学生要求很高，向来注重让学生自己思考，给予学生充分的发展空间。但这并不意味着周先生对学生是毫无要求的。恰恰相反，周先生对学生的要求很严格，很强调对学生的整体培养和论文质量，要求学位论文必须达到相应学位的水平，不能有丝毫的含糊。并且周先生很强调原创性，要求95％的数据必须是一手数据，而且理论上要具有系统性。

学生到他家里问问题时，学生不问，他就从来不答，这是他为人师表的风格，很能锻炼学生的独立思考能力。

邱维理副教授**

周廷儒先生是一位很伟大的学者。作为一个学者，他学术上的贡献是一个方面，另外一方面就是所谓榜样的力量。此外，周先生在教学方面的贡献也很大，周先生是高校地理教育的开创者之一。在他的主持下，教育部编制了第一部中国自然地理教学大纲。

---

* 史培军（1959—　），男，教授。现任北京师范大学常务副校长。主要从事环境演变、自然灾害、综合风险管理等方面的研究。曾师从周廷儒先生。

** 邱维理（1961—　），男，副教授。主要从事自然地理学、地质地貌和土地资源等方面的研究和教学，曾师从周廷儒先生。

周先生是一个榜样、一个巨人，他让学生感受到了科学研究应该怎么努力，怎样才能够作出对个人、对社会有意义的事，那就是踏踏实实地做。

周先生是一面旗帜，是中国地理界的一面旗帜，这就是他的贡献。周先生是一面旗帜，这面旗帜本身就使周先生更具有号召力，使北师大地理系在那个年代获得了相对有利的课题、机会和信息。首先，周先生当时做系主任把握科研大方向。其次，当时系里自然地理方面的实验室都是在周先生的指导下建立的，包括 ^{14}C 年代实验室、沉积实验室、黏土分析实验室、孢粉实验室、微体古生物实验室，而 ^{14}C 年代实验室是通过了国际监测的，这批实验室是国内地理界级别最高的。

此外，学地理的人需要出野外，获得第一手资料；需要读文献，知道别人做了什么，需要做实验，使在野外做的东西能够在微观的领域里得到验证。这是周先生对这个系作出的又一个贡献。

做地理方面的学问，周先生比较强调的是野外方面和文献方面。周先生的野外工作能力非常棒，对文献的把握和重视程度也很高。周先生非常重视学生的野外工作能力，他会从学生的野外记录是否规范、是否有内容来看学生的野外工作基本功，由此来判断这个学生是不是值得他来操心和指点。周先生要求弟子严谨做学问、扎扎实实做野外工作。但周先生对学生态度还是非常好的，对学生很是关怀。周先生是一个博学的老师，只要是跟自然地理有关的，他都能教。周先生经常很善意地鼓励别人。

方修琦教授[*]

周先生的学术贡献主要表现在三个方面，即地貌学、中国自然地理和古地理。其中最重要的是周先生开创了自然地理学方向的古地理，被称为中国自然地理学古地理的奠基人。周先生开创古地理这个研究方向的意义不只是发展了自然地理学的一个分支，而是开辟了地理学研究的一个新视角，即从时间维来进行地理学的研究，这成为与地理学的区域传统、系统传统等并列的研究视角。周先生的古地理学成就，是北京师范大学对中国地理学发展的一大重要贡献，是在北师大地理系 100 多年的历史中最值得称道的贡献。

周先生是个在学术上很严格的人，给学生出的题都是很重要、很科学的基础题目，很强调科学性。周先生对年轻老师的科研实行"无为管理"，从不强制要求某一个人做什么，给每一个人提供其按照自己的思想和特长去发展的机会和空间，而且其间周先生会给予大家很多鼓励和点拨。很多外面的人也受到周先生的影响，比如汪品先先生曾提到他地球系统科学的第一课是从周先生那里学的，崔之久先生也曾向周先生讨教过问题。

周先生对北师大地理系的贡献，在学术上讲就是发展了古地理学的研究领域，极大地提升了北师大地理系在地理学界的学术地位。从行政管理上来讲，周先生是一个以学术见长的管理者。总的来讲，周先生是个好的系主任，首先他为院系发展确立了明确的方向，其次他有足够的民主意识。从具体的贡献来讲，有一点很重要，就是周先生以自己的行动在一定程度上改变了北师大地理系老师的教育模式。周先生的贡献在于使教育科研化，用科学的研究带动教学，带动后面一代人既做科研又开展教学，并使科研与教学相互促进。另外，周先生在北师大地理系建立了很多实验室，为发展现代地理学的实验研究作出了重要贡献。周先生的行政管理是无为的管理，不折腾老百姓，且提倡多元化的发展，没有强行要求地理系按照

* 方修琦(1962—)，男，教授，主要从事环境演变与自然灾害等方面的研究和教学工作。曾是古地理室的研究生。

古地理的方向去发展，这也体现了老先生的宽容心态。

　　周先生的专长是地貌学，尤以野外工作见长。他坚持地理学的综合思想，认为地理学问题是综合的。关于东部冰川的问题，周先生从冰川的形成条件角度考虑，综合气候、沉积、地貌、植被等各个方面考察问题，否定了李四光先生的结论。

　　周先生是个名副其实的教授。他一直在教学第一线上教授课程，77 岁高龄时仍然在开课。周先生是名师，但不是名嘴。周先生不是很善表达，说话不多，浙江口音较重，但很受学生欢迎。周先生受学生欢迎可能有两个原因，首先是周先生在新中国刚刚成立时就回国教书，他非常爱国，所以学生很欢迎他；其次是周先生很平易近人，与学生关系很融洽，带学生出野外时无特殊化，自己拿行李，与学生同吃同住。周先生把讲台当作试验台，用科学的思维讲课，从而引导学生进入一种境界。他不是长篇大论地讲，而是注重让个人去体会。他能够专心教书、把教书与科研并重的行为，是非常值得推崇的。

采 访 人：孔锋，潘雅婧，徐小奇，刘秋璐，李斐，杨文念，范伟超，丰学兵，李贤恩，李婷婷，栗键等
文字整理：潘雅婧，孔锋
组织策划：王静爱

附：周先生及后学之照片

周廷儒先生（左二）与赵济（左一）、张兰生
（右二）、史培军（右一）一起工作（1987 年）
Tingru Zhou (2nd left) works with Ji Zhao
(1st left), Lansheng Zhang (2nd right), and
Peijun Shi (1st right) (1987)

周廷儒先生（左三）指导研究生邱维理
（左一）、史培军（左二）、方修琦（右二）
和韩春雨（右一）（1986 年）
Tingru Zhou (3rd left) supervises graduate
students Weili Qiu (1st left), Peijun Shi
(2nd left), Xiuqi Fang (2nd right) and Chunyu
Han (1st right) (1986)

周廷儒先生(前排右五)在博士生答辩
会上(1988 年)
Tingru Zhou (front row, 5th right) attends
the Ph. D. candidates' dissertation defense
(1988)

周廷儒先生(前排左五)和赵济(前排右二)出
席首届中国自然地理教学研究会(1980 年)
Tingru Zhou (front row, 5th left) and Ji Zhao
(front row, 2nd right) attends the first
teaching research conference of China Physical
Geography (1980)

周廷儒先生(右二)与李华章(右一)在
野外考察
Tingru Zhou (2nd right) and Huazhang Li
(1st right) work in the field

周廷儒先生(前排左三)、邬翊光
(前排右三)等老师与学生在一起
Tingru Zhou (front row, 3rd left) and
Yiguang Wu (front row, 3rd right) stay
together with other teachers and students

周廷儒先生（第一排左八）、赵济（第一排左五）、武吉华（第一排右六）与
78 级毕业学生合影（1982 年）

Tingru Zhou（front row，8th left），Ji Zhao（front row，5th left），and Jihua Wu
（front row，6th right）are in the group photo with the class of 1982（1982）

周廷儒院士纪念铜像揭幕（2006 年）
The inauguration of the bronze status of Academism Tingru Zhou（2006）

Masterpieces，inheritance and innovation-dictating Tingru Zhou

Lansheng Zhang，Ji Zhao，Huazhang Li，Senhou Ren，Rongquan Li，
Jihua Wu，Yiguang Wu，Peijun Shi，Weili Qiu，Xiuqi Fang，
School of Geography，Beijing Normal University，Beijing 100875

区域地理前辈师资的共享与传承
——记周廷儒院士纪念网站的开通

王静爱[1,2,3]，史培军[2,4]，朱　良[1]，岳耀杰[1,3]，

张建松[1,3]，孔　锋[1]，潘雅婧[1]

1. 北京师范大学地理学与遥感科学学院，北京　100875
2. 北京师范大学地表过程与资源生态国家重点实验室，北京　100875
3. 北京师范大学区域地理研究实验室，北京　100875
4. 北京师范大学环境演变与自然灾害教育部重点实验室，北京　100875

摘要： 优质教师队伍建设是国家级教学团队关注的核心问题之一。2009 年正值北京师范大学周廷儒院士诞辰 100 周年，建设周廷儒院士纪念网站，将已故的周先生作为虚拟的师资重新加入到区域地理教学团队中，从而实现对前辈师资的共享与传承。该网站可以起到延长区域地理教师队伍的链条、增强区域地理教师队伍的实力和加强区域地理教师队伍的辐射等重要作用。

关键词： 周廷儒；网络传承；区域地理；教学团队；遗产站；工作站

　　周廷儒（1909—1989）是我国著名地理学家、教育学家，中国科学院地学部委员（院士）。周廷儒院士自 20 世纪 50 年代开始从事区域地理的教学与研究工作，曾主持全国高校中国自然地理教学大纲的制定工作，亲自讲授中国自然地理课程，是区域地理研究领域的老前辈。2009 年正值周廷儒院士诞辰 100 周年，开通周廷儒院士纪念网站，为学习并继承周先生的科学精神与教学思想、传承区域地理师资队伍提供了难得的良好契机。

1　纪念网站的传承理念

　　集成与继承遗产。周廷儒院士在科研、教学、管理等方面都作出了突出的成就，为后人留下了丰富而宝贵的遗产。网站作为一种可兼容多种表达方式、传播速度快而扩散范围广、信息量大、易更新的媒介，为集成周先生留下的宝贵遗产提供了充分的技术支撑和硬件环境。通过搜集、整理和数字化周先生留下的大量宝贵遗产，在网站平台上集成遗产可实现后人对其遗产进行系统、形象且方便、快捷的学习与继承。

　　激活与拓展师资。周廷儒院士作为区域地理师资队伍中的老前辈，其科研精神、教学理念、管理风范、做人做事的品质都是区域地理师资中的宝贵财富。以网站的形式，通过图片、照片、地图、动画、视频、音频等多种方式，将先师的大脑资源"数字化"，使视觉与听觉相结合，可真正让宗师的遗产"活"起来，从而实现对其遗产的重新激活。通过这种方式，将周先生作为虚拟的师资重新加入到北京师范大学区域地理教学团队中，可实现对师资在数量和质量上的进一步拓展。

　　共享与传承精神。周廷儒院士的遗产不仅是区域地理教学团队的宝贵财富，而且也是地理学

　　作者简介：王静爱（1955—　），女，教授，主要从事区域地理教学和自然灾害、土地利用与专题地图等方面的研究。北京师范大学"区域地理国家级教学团队"带头人。

界的宝贵财富；不仅是北京师范大学的宝贵财富，同时也是中国乃至世界的宝贵财富。教育的本质在于传承，大师的精神需要共享，周先生纪念网站作为大师资源共享与精神传承的平台，对区域地理团队的师资传承乃至地理学科后辈人才培养都有重要的意义。与传统传承方式相比，网络传承能兼容多种表达方式，不受时空限制，可以迅速扩大周廷儒遗产的传承与共享效应。

学习与创新学业。周廷儒院士纪念网站作为大师资源共享与精神传承的平台，其传承的基础在于学习，传承的更高境界在于创新。将周先生的科研和教学成果、超人的精神与超凡的智慧分层次展现出来，可以满足不同层次、不同类型学生自主学习的需要；提供与周先生精神与学问相关的扩展性专题学习资源库，可引导学习者进行探究性学习；通过动态的网络交流讨论版块，使学习者展示学习成果，讨论问题并有所创新，从而实现传承的更高境界。最重要的是通过"周廷儒院士纪念网站"，在了解过去中传承方法，在认识现在中传承精神，在预测未来中发展创新。

2　纪念网站结构与功能

人物网站作为一种网上传承形式，将信息技术整合到学科专题内容中，为网络化学习环境提供了新的思路，为更好地传承周廷儒院士的遗产提供了可能。

"周廷儒院士纪念网站"分为前台页面和后台管理两大部分（图1）。前台页面分为遗产站和工作站两部分，遗产站实现对周先生的生平事迹、地理教育与教学、地理科学研究与成果的展现、传承"静态遗产"等功能；工作站旨在通过周先生的同事、弟子、学生、家人，侧面反映周先生的精神与"遗产"，并为学习者提供沟通交流的平台，引导学习者和传承者与周先生进行精神上的互动，实现促进学习与传承升华、促进发展创新、展现与传承"动态遗产"的功能。后台管理主要是网站管理人员包括区域地理教学团队教师和技术人员实现对网站的维护，主要分系统管理、分类管理、信息资源管理和交流互动管理四部分。

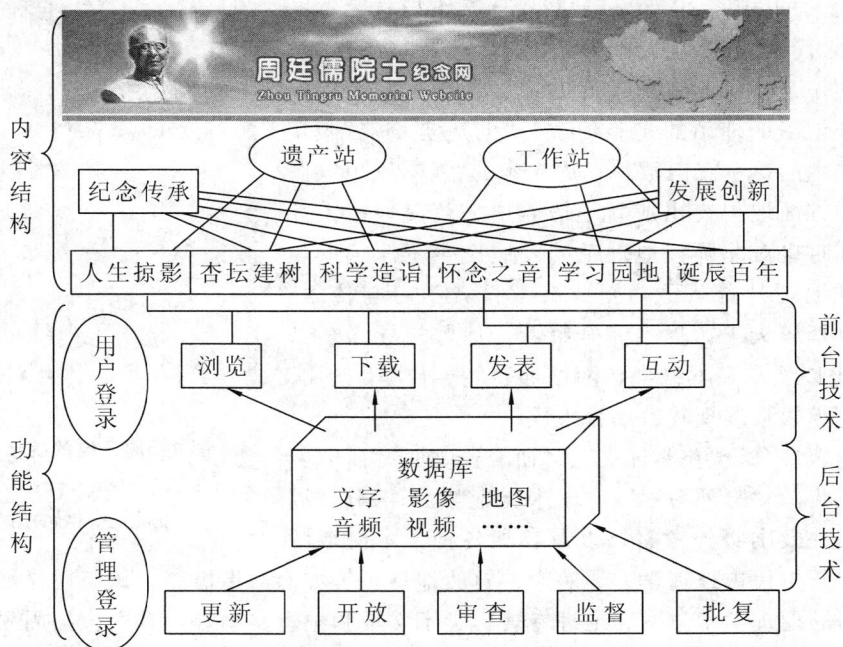

图1　"周廷儒院士纪念网站"核心结构与功能

Fig. 1　The structure and function of the memorial website for Academician Tingru Zhou

3 周廷儒院士遗产站模块

综合周廷儒院士在科研、教学、管理等方面所取得的突出成就及其所作出的贡献，把周先生的学术思想和学术精神融于其中，分层次进行纪念网站中遗产站的模块设计，将遗产站分为人生掠影、杏坛建树、科研造诣三个版块，在横向上利用文字、图片等传统形式写实记录周先生的生平经历、科学研究、教育成果、精神品质，为其精神与学问的传承提供基础的大脑资源。即首先以年代为顺序系统介绍周先生生平、展现其形象及其取得的荣誉；继而全面展现周先生作为一名教育家、管理者和科学家的成就和成果，并将其数字化，从而塑造一个比较完整的写实的人物形象。使用者可通过了解遗产站的内容，在了解过去中学习，在认识现在中传承，使周先生的精神与学问重新"活"起来。

人生掠影版块分设"生平与贡献"、"图像记忆"、"院士证书"三个小模块。一个人的生平及其生活背景对其成就的影响是相当重大的，了解周廷儒院士的生平，构建其精神与学问学习和传承的概要框架，是对其精神与学问进行深入学习与有效传承的基础。"生平与贡献"模块主要以时间顺序展示周先生生平简介和学术贡献。"图像记忆"模块展示周先生的工作照、生活照、野外照、会议照等一系列照片，并配以文字说明，使形象传承和文化与精神的传承更加具体化、形象化，以视觉冲击加强传承效果。"院士证书"模块主要展示 1980 年周廷儒先生当选为中国科学院学部委员(院士)时的证书(图 2)，进一步激发学习者传承周先生精神与学问的动力。

杏坛建树版块以多种手段、系统地展现周廷儒院士在教育和管理方面所作出的成就，是周先生精神遗产的精髓，共设置"担任系主任"、"创建实验室"、"教学思想"、"指导学生论文"、"历届弟子"等模块。"担任系主任"展示周先生在北京师范大学的 30 年(1952～1982 年)工作与贡献；20世纪 50～60 年代，周先生开创了中国新生代古地理研究，创建了中国第一个新生代古地理研究室并制定了实验室的发展规划，开创了地理系的实验传统，"创建实验室"版块主要展示周先生的这一突出贡献；周先生的"教学思想"(图3)是其在教学方面取得突出成就、培养出一辈又一辈人才的原动力，同时也对北师大地理系的发展产生了深远的影响，值得区域地理师资队伍乃至所有教育者学习与传承；周先生一生桃李满天下，据不完全统计，他曾指导 5 名博士、25 名硕士以及众多本科生，网站通过"指导学生论文"和"历届弟子"模块来展现其教书育人成果。

科研造诣版块分设"获奖证书"、"研究论文"、"研究专著"、"汇编文集"、"野外考察"、"学术交流"六个部分。周先生一生提倡并鼓励野外考察，以及参加各种学术交流活

图 2　周廷儒的院士证书
Fig. 2　Mr. Tingru Zhou's
academician certificate

动和会议，在新生代古地理学、地貌学、自然地理学等方面造诣极高。该版块详细展示了周廷儒院士撰写的地理学术论文、地理专著、学术文集和纪念文集等，其中包括周先生的代表作《古地理学》、《中国自然地理·古地理》(上)、《新疆地貌》等专著的全书扫描件，还展示了他进行地理野外考察的工作路线和曾经参加的国内外重大学术研讨活动和会议的记录。

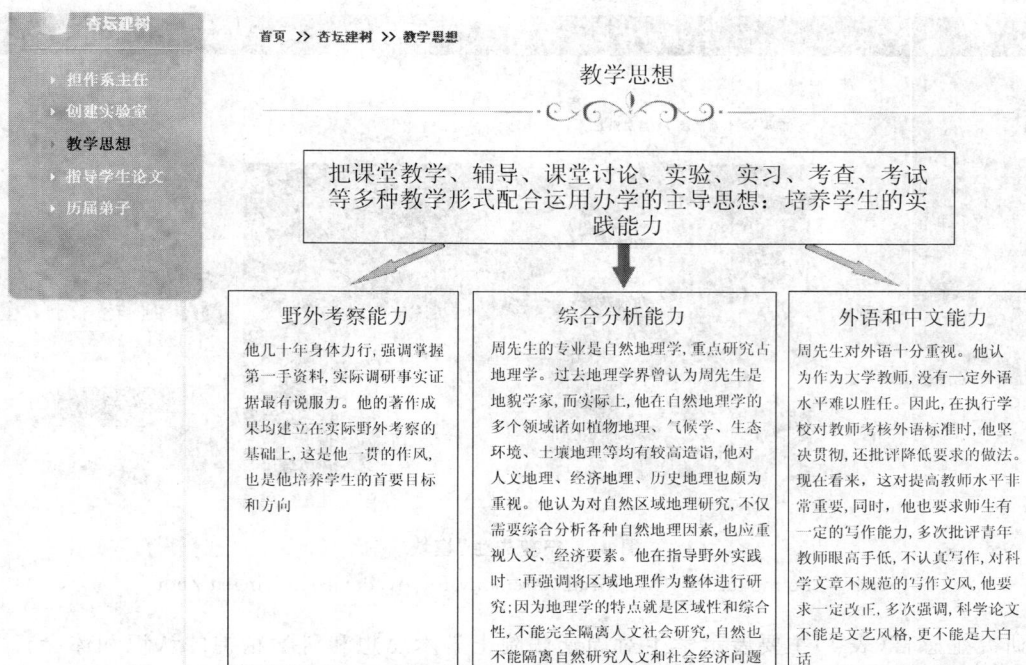

图 3　周廷儒院士的教学思想

Fig. 3　Teaching ideas of Academician Tingru Zhou

4　周廷儒院士工作站模块

高等院校作为教学和研究机构的综合体，尤其师范大学作为培养教育的摇篮，宗师精神与学问、师资队伍的传承尤为重要。然而宗师已逝，深层次地挖掘其学问与精神、有效地发挥传承者的主体地位显得极其重要。工作站共分为"怀念之音"、"学习园地"、"诞辰百年"三个版块。试图从纵向上深层挖掘"隐形资源"，通过曾与其共事的人"口述历史"引起共鸣，努力通过几代地理人之口、之文侧面反映周先生的精神与学问，传承地理宗师的综合品质，不断承袭和发展地理学的伟大精神与学问。

怀念之音版块分设"塑立铜像"、"口述历史"、"纪念文章"、"奖学金"、"祭奠先生"、"联系我们"六个模块。"塑立铜像"模块展现北师大地理 81 级校友为纪念周廷儒院士而塑造的铜像（图4），"他屹立在我们身边，指引我们前行"；"口述历史"通过采访曾与周先生共事或者师从于他的第一代直接传承者及其家人等，从侧面深入反映其精神与学问，对遗产站内容进行补充与完善；"纪念文章"主要展现周先生的家人、同事、弟子为怀念周先生所撰写的纪念文章，深切表达后人对周先生的怀念与景仰之情；"奖学金"是后学缅怀周先生的另一种形式，主要发布"周廷儒院士奖学金"文件，每年奖励 10 名学子，包括本科生、硕士生和博士生，这既是对周先生成就与贡献的认可，也是对学生传承周先生科学精神的鼓励；"祭奠先生"模块（图4）为缅怀周先生提供了虚拟的平台，学习者可以通过虚拟的方式表达对周先生的缅怀与景仰之情。

学习园地版块分设"本科生感言"、"研究生感言"、"讨论交流"三个模块，展现从未接触过周先生本人的、下一代的传承者学习周先生的精神与学问后的收获和感悟。其中本科生感

图 4　"祭奠先生"模块

Fig. 4　The module of "Memorial Ceremony for Academician Tingru Zhou"

言、研究生感言(表 1)主要展示学生对周廷儒院士学术思想和科学精神的认识和体会;"讨论交流"模块为学习者进行沟通交流提供虚拟平台,使读者可以实时、实地进行交流,提高学习和传承的效率,并在此基础上促进创新。

表 1　"学习园地"版块学生感言样例

Tab. 1　Samples of students' thoughts from the module of "Learning world"

感言	作者年级	题　　目
本科生感言	2005 级 本科生	大师风范,高山仰止——后辈怀念先生
	2005 级 本科生	谈谈学习《新疆综合自然区划纲要》后的感受
	2005 级 本科生	学习周廷儒院士的科研精神
	2005 级 本科生	地理人前进的指明灯——后辈眼中的周廷儒先生
	2006 级 本科生	伟大的古地理学家周廷儒院士——采访方修琦老师后写
	2006 级 本科生	地理学界永恒的璀璨——采访众位先生后学眼中的周廷儒先生
	2006 级 本科生	博大精深,山高水长——周廷儒院士——采访张兰生先生后写
	2006 级 本科生	学海无涯,上下求索——学习周廷儒先生的论文之《广东经济地形之研究》
	2006 级 本科生	在猪野泽所想到的罗布泊和周先生
研究生感言	2007 级 硕士生	周廷儒先生开展野外考察工作对我的启示
	2008 级 硕士生	经世济国的赞歌
	2007 级 博士生	光辉的足迹——纪念古地理学家周廷儒院士
	2007 级 博士生	你的眼神激励着我

诞辰百年版块记录了 2009 年 10 月 21 日纪念周廷儒院士诞辰 100 周年学术研讨会的盛况,分设"会议盛况"、"代表发言"和"照片记录"三个部分。周廷儒院士去世多年,这么多人还在缅怀他的业绩、他的人品、他的学识,就因为他的爱国精神和科学精神永远存在,无论是在校园内,还是在他走过的大地之上。

5 前辈师资的传承与共享

5.1 延长区域地理教师队伍的链条

区域地理教学团队的教师队伍是由老、中、青教师构成的教学团队，形成了老年教师—中年教师—青年教师的教育传承链条。该链条的形成，目的是为了将优秀的教学理念和教学精神从老年教师到中年教师再到青年教师不断传承下去，发挥老年和中年教师的传帮带作用，促进青年教师的提高，保证优质教学资源的有效传递，实现教师队伍的可持续发展。周廷儒院士是区域地理师资队伍中的资深老教师，通过周先生纪念网站的建立将周先生这位老前辈的丰富师资"遗产"激活并纳入到团队中来，可实现区域地理教师队伍链条的追本溯源，使教师队伍链条向更老一辈师资的延长，实现区域地理教师队伍优质师资在长度上的增长。

5.2 增强区域地理教师队伍的实力

区域地理教学团队的建设目标是：建设成为一支国内一流、国际有影响的敬业乐教、专兼协作、优势互补、可持续性强的区域地理教学队伍。周廷儒院士作为地理学界的泰斗级人物，虽然已经故去，但是他的学术精神、科学成果和教学理念一直影响和激励着后人。通过网站将周先生的优质教学资源激活，现实中将周廷儒院士这位虚拟教师"重新"纳入区域地理教学团队，将在很大程度上提高区域地理教学团队的实力和教学空间，从而实现区域地理教师队伍实力在深度上的加强。

5.3 加宽区域地理教师队伍的辐射

区域地理教学团队力求面向科学发展观教育、师范教育和教师教育、西部大开发等国家需求，建设在高等教育、继续教育、基础教育、公民教育等多领域的"教师—课程—教材—实践基地—网络—学生"六位一体的全方位教学系统，通过教师西部教学或讲座、主持全国教学研讨会、课程上网、实习基地等途径，扩大影响面，提高辐射力。纪念网站的建设可以从三个方面拓宽辐射范围：其一，纪念网站本身作为网络虚拟师资，具有覆盖面广、不受访问的时间地点的限制等优点；其二，周廷儒院士一生的卓越贡献使其在地理学界和教育界的影响力本身就很大，经网站平台传承，其影响和辐射面将更加广泛；其三，周廷儒院士的教学理念和精神遗产，将使教学团队的辐射功能更加有效。

致谢：周廷儒院士纪念网站的建立凝结了众多人的心血，得到了多方的支持与帮助，再次特别鸣谢周先生的家人提供的帮助和支持！感谢接受采访的诸位老先生和老师们提供的帮助和支持！感谢北京师范大学地理学与遥感科学学院的支持与帮助！感谢区域地理实验室的老师们以及北京师范大学地理学与遥感科学学院的研究生和本科生同学们提供的帮助！

Share and Inheritance of Regional Geography Senior Teacher: Opening the Memorial Site of Tingru Zhou

Jing'ai Wang[1,2,3], Peijun Shi[2,4], Liang Zhu[1], Yaojie Yue[1,3], Jiansong Zhang[1,3], Feng Kong[1], Yajing Pan[1]

1. School of Geography, Beijing Normal University, Beijing 100875
2. National Key Laboratory of Earth Surface Process and Resources Ecology, Beijing Normal University, Beijing 100875
3. Key Laboratory of Regional Geography, Beijing Normal University, Beijing 100875
4. Key Laboratory of Environment Change and Natural Disaster, Ministry of Education, Beijing Normal University, Beijing 100875

Abstract: Building a high-quality teachers team is one of the core issues of state-level teaching team. In 2009, the website in memory of Academician Tingru Zhou has been built on the 100th anniversary of his birth, which makes deceased Professor Zhou as a virtual asset 're-entry' to the regional geography teaching team and helps to fulfill the share and inheritance of senior teachers. The website also enhances the advantage of regional geography teachers and increases the influence of regional geography teachers in China.

Keywords: Tingru Zhou, Inheritance & Innovation by Website, Regional Geography, Teaching Team, Heritage stand, Workstation

纪念周廷儒教授诞辰 100 周年学术研讨会侧记 *

　　2009 年 10 月 19 日下午，"纪念周廷儒先生诞辰 100 周年学术研讨会"在北京师范大学英东学术会堂二层演讲厅召开，此次研讨会是中国地理学会百年庆典系列活动之一，由中国地理学会和北京师范大学共同主办，北京师范大学地表过程与资源生态国家重点实验室承办。中国地理学会副理事长蔡运龙教授，中国地理学会秘书长张国友研究员，中国地理学会副理事长、北京师范大学常务副校长史培军教授，副校长韩震教授出席了会议。北京师范大学各机关部处代表、地理学与遥感科学学院、资源学院、环境学院、水科学研究院、减灾与应急管理研究院、全球变化与地球系统科学研究院、地表过程与资源生态国家重点实验室、环境演变与自然灾害教育部重点实验室的师生代表，以及周先生子女、同事、好友、弟子和校外代表近 200 人参加了纪念活动。

　　研讨会由北京师范大学常务副校长、北京师范大学地表过程与资源生态国家重点实验室主任史培军教授主持，中国地理学会、北京师范大学领导分别致开幕词。韩震副校长在致词中赞扬了周先生的爱国精神和科学精神。地理学与遥感科学学院王静爱教授宣布"周廷儒院士纪念网站"开通，并具体介绍了网站各版块的内容，五位学生代表介绍了他们设计、建设网站和收集素材的过程，抒发了他们作为后辈学子对老一辈泰斗的追忆和景仰之情。史培军教授对《周廷儒院士诞辰 100 周年纪念图片集》的编辑和出版情况进行了说明，宣布设立"周廷儒院士奖学金"，并对奖学金的管理和奖励办法做了说明，同时简要向与会人员介绍了我校地学领域的建设和发展情况，经过几代人的共同努力与奋斗，我校地理学已在全国高校中排名前列。

---

　　* 本文由北京师范大学"地表过程与资源生态国家重点实验室"供稿。

在其后的发言环节中，与会嘉宾从不同角度追忆了周廷儒先生的生平事迹，抒发了思念之情。先后发言的有：中科院院士刘昌明教授、周廷儒先生母校中山大学地理科学与规划学院董玉祥教授；周先生好友张兰生教授、王恩涌教授、崔之久教授、谢又予教授、景才瑞教授、赵济教授、潘云唐教授、李容全教授、李天杰教授；周先生之子周宏英先生、女儿周玮杰女士、女婿马学理先生；周先生弟子曹互述教授、徐华鑫教授、李栓科研究员；周先生工作了三十年的北京师范大学地理学与遥感科学学院的党委书记葛岳静教授。其间，中山大学董玉祥教授向周先生家属赠送了纪念品。发言的几位老先生讲述了周先生的为学、为人以及生活中一些鲜为人知的故事，引人入胜，发人感慨，赵济老先生说到动情处，含泪哽咽，会场洋溢着浓厚的缅怀敬仰之情。

参会的学者们热烈讨论了周先生的学术贡献和学术思想。大家一致认为，周先生是我国地理学界古地理研究的奠基人、开拓者，是北京师范大学环境演变和全球变化研究的开创者，开创了北京师范大学地学研究重视综合和注重实践的优良传统。其次，在教学方面，周先生强调实践、务实和致用，奠定了地理系人才培养尊重科学、坚持真理，并重视野外考察的综合分析能力的优良传统。具体来说，他与施雅风、陈述彭撰写的《中国地形区划草案》，首次提出中国地形三大区划的思想，这是对中国自然地理区划的巨大贡献。他运用景观分带学说和专门方法研究了中国新生代时期自然地带分异的规律，重建了第三纪和第四纪的自然地带和自然区。他编写的考察报告对秦岭、天山南北和南岭提出了水土资源开发与合理利用的建议；对塔里木河易于改道问题提出了整治意见；为内蒙古铁路选线提出了科学依据；在地理教学和指导研究生方面也有显著成绩，受教育部的重托，制订了全国师范院校地理教学计划和教学大纲。周先生在长期的科学研究生涯中，留给我们很多珍贵的学术思想，至今仍指导着我们的地理学研究与教学工作。周先生在青年时期，就特别强调学生要能养成综合观察之能力、培养文化价值创造力、训练实际社会生活之知识及能力。除以上外，周先生还强调地理学肩负的教育使命，即培养学生养成成深刻国家观念，他写道："现时学生，使对国家有真正理解，即可使其明了将来国民应负之使命，而地理教育目的达矣。故余意此种教育，实比其他教育之价值为高。"总结周先生的贡献，用刘院士的话说：周廷儒院士是当之无愧的地理学家、教育家。

会后，参会的校内外领导、专家、老一辈学者与北京师范大学师生亲切合影。此次对周廷儒院士的纪念活动，既让北京师范大学师生同与会嘉宾一道追思、怀念周先生的事迹，又激励后来者共同继承周先生治学严谨、为人厚道的品质，共同憧憬地理学界更加美好的未来。

周廷儒先生的教育理念与科研精神

——本科生谈传承

2007 级本科生

北京师范大学地理学与遥感科学学院，北京　100875

摘要：周廷儒院士毕生从事地理研究和地理教育，成果卓越。他曾在北京师范大学工作三十余年，长期讲授"中国自然地理"等基础课程，是北京师范大学地理学与遥感科学学院区域地理课程的主要奠基人之一，目前的国家级精品课程"中国地理"仍以继承"环境演变"传统为课程特色。2009 年，值此中国地理学会成立百年、周廷儒先生诞辰百年之际，北京师范大学开通"周廷儒院士纪念网站"，以缅先师，以励后学。"中国地理"课程组织地理学与遥感科学学院 2007 级本科生（含 33 名公费师范生）分组学习，集体讨论达成共识：①当代地理学专业的师范生，应传承周廷儒先生重视区域野外考察、强调培养学生综合能力的教育理念，以及周先生言传身教、身正为范的教育风范；②当代地理学专业的学生，应学习和传承周廷儒先生勤学进取、勇于创新、严谨求实的科研精神，以及奉献爱国的科学家精神。

关键词：周廷儒院士；传承；区域野外考察；科研精神

　　周廷儒院士是我国著名的地貌学家、自然地理学家，是古地理研究的奠基人、开拓者。周先生毕生从事地理教育，于北京师范大学地理系工作三十余年，不仅为世人留下了诸多科研成果，还为地理学与遥感科学学院营造了优良的学风及工作作风。周先生长期讲授"中国自然地理"等基础课程，20 世纪 50 年代，周先生主持拟订的高师"中国自然地理教学大纲"为多校采用，是区域地理课程的主要奠基人之一。1995 年后，北京师范大学整合"中国自然地理"和"中国经济地理"开设了"中国地理"，该课程于 2003 年、2005 年先后被评为北京市、国家级精品课程。该课程以"继承'环境演变'传统"为特色，不仅注重讲授空间维的区域差异—地理格局，同时强调时间维的区域演变—地理过程；将周先生中国自然地理环境演变的研究思想与实例，凝练入辅助教材[1]之中，一直为历届学子参学。

　　2009 年，值此中国地理学会成立百年、周廷儒先生诞辰百年之际，北京师范大学开通"周廷儒院士纪念网"[2]，以缅先师，以励后学。2009～2010 学年第一学期，"中国地理"课程①组织地理学与遥感科学学院 2007 级本科生 76 名本科生（含 33 名公费师范生），通过分组②学习周廷儒院士纪念网站、阅读周先生纪念文集[3]，集体讨论达成共识：作为新一辈的地理学子，应传承周廷儒先生的教育理念和科研精神。

1　传承周廷儒先生的教育理念

1.1　野外考察乃地理教育的核心

　　周廷儒先生一贯重视实地考察和实践，在人才培养、地理教学中亦如此。

　　周先生早在 1937 年就撰文《野外考察与地理教育》[4]，文中明确指出"野外考察，实为地

---

① 课程主讲教师：王静爱教授，苏筠副教授；助教：张建松博士生。
② 组长：陈超，邓先武，李飞飞，李凯，李锐，梁丹丹，吕国玮，罗智德，王琼，徐昉，苑伟超，张开。

理教育之中心部分"，通过考察一个地方"由地质构造及风化、侵蚀诸作用所造成各种地形类型，而加以科学说明"，并进一步探求"水理、气候与夫植物群落分布诸情况"，最后观察"自然与人类之关系，及其所形成各种不同的地理景观"。野外考察和实践，不仅可以印证课堂上学习的书本知识，锻炼野外工作的基本能力，还可以收集到第一手资料，为开展地理研究提供基础信息，还有可能发现新的问题、激发新的研究兴趣点。因此，重视野外考察的科学训练，有助于地理人才的培养。

此外，地理野外考察对于学生发展其他方面的能力，也很有益处。比如，能养成综合观察之能力，培养文化价值创造力，训练实际社会生活之知识及能力，养成深刻国家观念[4]。这与当前我国进行的新课程改革的教育理念是一致的。野外考察和实践，不仅传授给学生地理知识，更是培养学生科学精神、进行科学训练的有效途径。培养学生将知识应用于生活中的意识和能力，也是目前新课程改革的目标和要求，实践教学、野外考察，能达到"训练实际社会生活之知识及能力"的目的。

在周先生的教学生涯中，时常强调要把书本知识学活，让学生到大自然中去认识世界，改造世界。他除了讲授地貌学、测量学、中国自然地理等课程外，还有一个重要教学任务，就是带学生从事野外实习和考察工作，从实践中获得真正的知识，锻炼学生野外工作的能力。

当前国家培养的免费师范生未来要担当为国家培养人才的任务，提高自身实践能力，有助于在中学实施地理教学的过程中，承担建立观测站(点)、建设地理实习园地(基地)、指导地理课外探究性学习活动等具体工作，实现教授"生活化的地理"、提高我国公民地理素质的要求。

1.2　强调培养学生的综合能力

周廷儒先生在人才培养过程中，强调培养学生多方面的能力：野外考察能力、区域综合分析能力、语言(中文、外文)能力。这三项能力切中地理学这门以实践性、综合性为学科特色的教学要点。

地理研究对象是地理环境及人地关系，因此野外考察能力是地理学者不可或缺的基本能力；区域综合分析能力的要求也源于地理的综合性和复杂性。周先生是地貌学家、古地理学家，同时他在自然地理学的多个领域均有较高造诣，对人文地理、经济地理、历史地理也颇为重视。他认为区域地理研究应该是一个整体，不仅需要综合分析各自然地理因素，也应重视人文、经济、历史要素。人地关系的研究，不能完全隔离人文社会研究自然，也不能隔离自然研究人文和社会经济问题。因此，要重视对学生区域综合分析思维和能力的培养。

另外，要重视外语和中文能力。周先生学习外语的精神令人钦佩，他可以运用英语、俄语、西班牙语、日语、德语等多种语言阅读。他认为，掌握语言并熟练应用，通过阅读、写作、听说交流，了解他人的工作，表达个人的思考，可以和世界的最新研究步伐保持一致。周先生在授课过程中，由于国内教材缺乏，他通常查阅各种外文教材、杂志，自己编制课程讲义给学生使用。准确运用语言进行自我表达和解释是学者必备的基本素质。

1.3　言传身教，身正为范

周先生通过言传身教、潜移默化，为学生树立学习的榜样。周先生为人谦和，平易近人。周先生从国外归来，野外实习条件十分艰苦，但是他却毫无特殊要求，与学生同吃同住，和学生打成一片，但对学生学习实践严格要求。周先生平时毫无院士的架子和权威，和师生十分亲近。

　　周先生的学生在日后这样回忆：他在课后请我们去他家继续讨论问题，晚上就顺便留我们吃饭，以便吃完饭后接着讨论，周先生家吃饭很随意简单，我们也顺其自然。周先生的学生还说，"1989 年周先生因病住院，我在医院陪护他时，明显体会到周先生对学生的关怀。我们当时正处于做毕业论文的阶段，只要他身体状况好一点，头脑清醒一点，就会谈论文的思路、进展……"

　　教育是渗透于点滴细节中的，与说教相比，这些日常表现，更深入人心地起到了教育的作用。作为一名教育工作者，不仅要学高，更要身正为世范。这也是一个平和、沉稳学者的教育风范，启示着每一个师范生都应该去自省行为，以身作则，言传身教。

2　传承周廷儒先生的科研精神

2.1　勤学进取的精神

　　周先生一直坚持"研究过去，了解现在，预测未来"的研究主线与思路，他的贡献不仅在古地理学方面，在地貌学、中国自然地理、古气候等方面，周先生的研究成果都很显著。周先生一生发表论文三十余篇，学术专著十余部，是教育部优秀科学技术成果奖、国家自然科学奖二等奖等奖项的获得者。所有成绩的获得，都与周先生的勤学进取密不可分。

　　小学刚毕业的周廷儒，为了减轻家庭的负担，不得不远离家乡到三四百里以外的一个教会中学去读书，由于他的勤奋努力，学业一直非常优良。为了贴补伙食费用，他利用课余时间，靠帮助教师批改低年级的英语作业和试卷来赚点钱，中学毕业后他就工作了。时值广州中山大学地理系在浙江招生，他以优异的成绩独占鳌头。大学期间，周廷儒在德国区域地理学家克雷德纳和地貌学家潘塞、国内著名的地质学家朱庭祜教授等的亲自指导下学习。毕业后留校为潘塞教授当助手，两年后他又到浙江杭州高中担任地理课教员。1937 年抗日战争爆发，他到了大后方，在西南联大史地系讲授"普通自然地理学"课程。1941 年，中英庚子赔款办的"中国地理研究所"在四川重庆北碚成立，他应聘去担任助理研究员，后被提升为副研究员。1946 年，他得到了中英庚子赔款补助留学的机会，到美国加利福尼亚大学伯克利分校学习深造。周廷儒先生前往美国学习的时候已经 37 岁了，但他为了学术上的精进，秉承学无止境的理念，毅然前往。在伯克利，周先生得到了著名美籍德裔学者索尔的指导，硕士学位论文为《甘肃走廊和青海地区民族迁移的历史和地理背景》。

　　1950 年，周先生回国到北师大地理系工作。20 世纪 50 年代中后期，周先生参加新疆综合考察，完成了《新疆地貌》等著作。60 年代后，创建"新生代古地理研究室"，着重阐释了古地理学原理和研究方法，以及中国第三纪以来自然地理环境的发展演化过程和规律，特别探讨了华北第四纪古地理问题。70 年代，受聘为中科院《中国自然地理》编辑委员会委员，历时 4 年完成了《中国自然地理·古地理》分册的编著任务。80 年代，出版了专著《古地理学》，70 多岁的高龄还登上庐山、黄山，亲临实地考察，致力探讨中国东部第四纪冰川问题。

　　周先生始终坚持学习和研究，亲自实地考察、查阅资料、整理文籍，这种精神深深感染着同事，启示教育着学生。

2.2　严谨求实的精神

　　周先生几十年身体力行，强调掌握第一手资料、实地调研的事实证据最有说服力。他的著作成果均建立在实地野外考察的基础上。在大学期间，周先生先后考察了广东、广西很多地方，特别是南岭和华南沿海海岸一带，他以《广州白云山地形》的毕业论文获得了学士学位（1933 年）。在重庆北碚的"中国地理研究所"工作期间，他先后参加了"嘉陵江考察队"、"西北史地考察团"的实地调查，编纂了《嘉陵江曲流分布图》、《青海地理考察纪要》、《环青海湖山牧季移》和《从自然现象证明西北历史时期气候之变迁》等论著。1956～1959 年，周先生参加了中国科学院组织的"新疆综合考察队"，在新疆天山、塔里木盆地、昆仑山等地考察的基础上，周先生编著了《新疆地貌》、《新疆塔里木河中游的变迁问题》等著作，澄清了罗布泊非游移湖的争论。由此可见，周先生求真务实，强调野外考察的真实性；同时他善于总结，勇于创新，善于通过实地考察发现地理学问题，并提出一些新的思想、理论和方法来解决问题。

　　周先生在科学上不畏权威，敢于质疑。周先生坚持他认为正确的看法，并且不是简单的反对，而是以理论理，用事实来证明。比如，当时李四光先生在《光明日报》上论述庐山冰川问题，周先生不同意他的看法，就马上给《光明日报》回信反驳，指出李四光先生的错误。对于科学研究而言，最为需要这种精神。

2.3　奉献爱国的精神

　　周先生在美国加州伯克利大学读完硕士，正满怀志趣继续攀登博士学位时，听到了新中国成立的消息，同时受到好友、时任北京师范大学地理系主任黄国璋教授的聘请，毅然放弃在国外求学深造、优越生活的条件，闯过重重难关，在 1950 年年初回到了祖国的怀抱。从此，他把自己的知识和才能，无私地奉献给新中国的建设事业。

　　回到国内，生活研究条件艰苦，但周先生从不要求，从不搞特殊化。有一次周先生带学生在马莱峪镇实习，晚上住在未开张的店面里，直接睡在地上，又潮又凉，周先生也毫无怨言。1962 年，院里支持搞古地理研究，在五台山实地考察时，多人住一个大通铺，当时周先生坚持和年轻人住在一起。周先生一贯平易近人、生活俭朴，肯奉献、能吃苦。

　　先生之风，山高水长。高山仰止，景行行止。先生的精神得以真正的传承，是对先生最好的缅怀。

参考文献

[1] 赵济，张超.《中国自然地理》多媒体教学软件（光盘 3 张）[CD]. 北京：高等教育电子音像出版社，高等教育出版社，2000.
[2] 周廷儒院士纪念网[EB/OL]. http://www.zhoutr.cn/index.asp.
[3] 北京师范大学地理学与遥感科学学院. 山高水长——周廷儒院士纪念文集[M]. 北京：北京师范大学出版社，2006.
[4] 周廷儒. 野外考察与地理教育[J]. 地理教学，1937，1(3).

Concept of Education and Scientific Spirit of Mr. Tingru Zhou

Undergraduate of Class 2011

School of Geography，Beijing Normal University，Beijing 100875

Abstract：Academician Tingru Zhou dedicated his life to geographical education and research，and obtained remarkable achievements. He worked at Beijing Normal University for more than 30 years, and taught China Physical Geography and other foundational courses. He was one of the main founders of regional geographical courses in School of Geography. The state-level excellent course—Geography of China has the feature of carrying on the tradition of environmental changes. In 2009 on the occasion of the establishment of the century-old China Geographical Society and the 100th anniversary of Academician Tingru Zhou, Beijing Normal University opened a memorial website for Academician Tingru Zhou to cherish the memory of the respected teacher, and to encourage the younger generations at the same time. In the course of China Geography, the undergraduate class of 2007 was divided into groups to study and discuss, and finally got two viewpoints. Firstly, normal school students of contemporary geography should inherit Mr. Zhou's educational ideas which emphasis on geographical field studies and overall abilities development should be carried on, and his standard of behavior which focuses on teaching by personal example and verbal instruction. As the college students of contemporary geography, we should learn and pass on Mr. Tingru Zhou's scientific spirit of diligence, creativity, strictness and practical mind, and his patriotic spirit as a scientist.

Keywords：Academician Tingru Zhou, Heritage, Geographical Field Works, Research Spirits

两教授获地理
科学成就奖

张兰生先生在地理学研究和教育方面的主要成就

方修琦

北京师范大学地理学与遥感科学学院，北京 100875

摘要：本文简要介绍了张兰生教授的教学、科研经历及其成就。张兰生教授的主要教学和研究领域包括中国自然地理学、环境演变、自然灾害和地理与环境教育，他是我国地理学界环境演变研究和自然灾害研究的主要倡导者和推动者之一，也是我国环境教育的积极推动者之一。

关键词：张兰生；环境演变；地理教育

张兰生教授 1928 年 12 月 31 日生，浙江浦江人，1952 年从浙江大学史地系毕业后到北京师范大学地理系任教至今，先后担任北京师范大学地理系主任(1982～1984 年)、北京师范大学教务长(1984～1992 年)、资源与环境科学系首任系主任(1993～1997 年)、继续教育学院首任院长(1992～1997 年)、环境教育中心执行主任(1997 年至今)，兼任中国地理学会副理事长(1985～1991 年)、理事长(1991～1995 年)、中国地理学会地理教育专业委员会主任(1996～1999 年)、国际地理学会教育委员会委员(1988～2000 年)、《地理学报》副主编等。

张兰生教授的主要教学和研究领域包括中国自然地理学、环境演变、自然灾害和地理与环境教育，他是我国地理学界环境演变研究和自然灾害研究的主要倡导者和推动者之一，也是我国环境教育的积极推动者之一。

20 世纪 50～70 年代张兰生教授主要从事中国自然地理、水文学、气候学等方面的教学工作，他将三尺讲坛作为科研平台，以从科学研究视角和思维讲授教学内容为教学特色，并逐步形成了以教学促科研的发展模式。在此期间，他在中国自然区划、水文、气候等方面发表了多篇论著，其对环境演变和自然灾害的独到认识已有所显现。20 世纪 60 年代初发表的《中国河流的类型》一文，提出以河流径流的季节变化作为主要指标进行中国河流类型的划分；在《从热水条件的成因看中国自然区划》一文中，强调"通过揭露自然综合体的成因和发展过程、发展方向，寻求区划的依据"，提出了根据三大自然区形成和演变历史进行中国自然区划的方案；《华北地区的旱涝及其防治》(中国青年出版社，1964 年)一书简洁而清晰地概括了华北地区旱涝灾害形成的自然和人文因素；作为主要作者之一，张先生于 20 世纪 70 年代参加了中国科学院主持的中国自然地理系列专著中《地表水》一书的编著。

从 20 世纪 70 年代末起，张兰生先生积极提倡、组织和推动了中国地理学界的环境演变研究。他率先开展了以气候变化为主导的环境演变研究，发展了周廷儒院士的自然地理学方向的古地理学思想，与周廷儒院士共同开创了北京师范大学的时间维地理学研究传统，这是北京师范大学对 20 世纪中国地理学发展最重要的贡献。在环境演变的理论和方法体系构建、我国特征期环境重建、第四纪和全新世环境演变过程和北方农牧交错带环境演变等方面，张

作者简介：方修琦(1962—)，男，教授。主要从事环境演变方面的教学和研究。北京师范大学"区域地理国家级教学团队"成员。

先生均做了有创建性的工作，其中发表于 1980 年的《我国晚更新世最后冰期气候复原》一文在国内最早提出进行我国冰期气温和降水重建，该文在重建方法上独具匠心，堪称环境演变集成重建的典范。1992 年由科学出版社出版的《环境演变研究》一书汇集了张兰生先生环境演变方面的 20 余篇主要论文。张兰生先生主编的《中国古地理——中国自然环境的形成》一书(科学出版社，2010 年)是孙鸿烈院士与郑度院士主编的"中国自然地理"系列专著之一，该书基于发生学的自然地理"景观组合"概念阐述了中国自然地理环境的起源、演化和形成过程，并从"发生"上分析、阐述了我国境内 8 类典型"景观组合"类型的形成过程、驱动力以及发展方向。

20 世纪 80 年代末至 90 年代初，张兰生先生提出从环境演变和区域分异的角度出发研究自然灾害，主编了国内第一本《中国自然灾害地图集》(中文、英文版，科学出版社，1992 年)，首次提出中国宏观自然灾害区划的方案。

自 20 世纪 70 年代末转为以科研为主之后，张兰生先生对教育工作仍给予高度关注，并形成了以科学带动教学的新特色。从 80 年代初开始，先后开设了反映科学前沿领域的《古气候学》、《环境演变》等本科生和研究生课程，主编了面向 21 世纪教材《全球变化》，这也是国内第一本此方面的教材。

张兰生先生长期关注地理教育和环境教育，积极倡导从公民应具备素质的高度改革地理教育的课程结构和体系，推进环境教育和国情教育的普及工作。20 世纪 90 年代后期，他创建了全国高校第一个由世界自然基金会(WWF)和教育部共建的"北京师范大学环境教育中心"，开展了环境教育领域的科学研究、教师培训以及国际合作，在推进和普及我国环境教育和可持续发展教育的同时，在环境教育领域培养了一支高水平的队伍。

综观张先生 60 余年的地理学教育与科学研究生涯，其学术贡献和教育特色可以归纳如下：化三尺讲坛为科研平台并举教学科研，未行千里路但破万卷书演绎集成创新；承古地理学创环境演变光大一脉传统，传地理教育弘环境教育启迪人文精神。

Professor Lansheng Zhang's Achievements in Geographical Science and Education

Xiuqi Fang

School of Geography，Beijing Normal University，Beijing 100875

Abstract：Professor Lansheng Zhang's achievements in geographical science and education are introduced in this paper. Physical Geography of China，Environment Change，Natural Disasters，and Geographical and Environmental Education are his major teaching and scientific research areas. He is one of the major advocates and promoters of the studies on environmental changes and natural disasters in China. He is also an active promoter of environmental education in China.

Keywords：Lansheng Zhang，Environment Change，Geography Education

张兰生先生著《中国古地理——中国自然环境的形成》的学术思想解读

叶　瑜[1,2]，萧凌波[3]，殷培红[4]

1. 北京师范大学地理学与遥感科学学院，北京　100875
2. 教育部环境演变与自然灾害重点实验室，北京　100101
3. 北京师范大学历史学院，北京　100875
4. 环保部环境与经济政策研究中心，北京　100029

摘要： 本文对张兰生先生近期代表作《中国古地理——中国自然环境的形成》的学术思想进行了解读。将该书的主要学术特色归纳为：①自然地理学的古地理基于发生学思想，研究和阐述每一个自然综合体的成因与发展过程，要通过追溯过去环境发展历史与演变过程来解释现代自然环境特征；②提出了基于发生学的自然地理"景观组合"的概念，强调每个典型景观组合都有与其所以形成现今独特面貌而区别于其他区域的主导因子；③以现代人地关系为落脚点，从古地理环境演变了解与人类当今生产、生活相关的资源环境问题与人文现象。

关键词： 张兰生；古地理学；学术思想

张兰生先生的《中国古地理——中国自然环境的形成》[1]将于 2010 年出版。作为孙鸿烈院士与郑度院士主编的"中国自然地理"系列专著之一，该书阐述了中国自然地理环境的起源、演化和形成过程。该书传承和发扬了周廷儒先生于 20 世纪 60 年代初创建的自然地理学方向的古地理学的基本学术思想，同时，也体现了张兰生先生 60 余年来对地理学、对中国自然环境形成与演变过程的独到认识和见解。

本文作者非常有幸参加了该书的编写工作，从中深刻地感受到我国古地理环境与演变过程的复杂性、独特性及其与全球变化的密切联系，并逐渐领会到张先生寓于该著作中的主要学术思想。无论对于地理学科发展，还是对于正蓬勃兴起的全球变化研究来说，这部著作无疑都具有非常重要的学术价值。

1　关于自然地理学的古地理学

20 世纪 60 年代初，周廷儒先生最早提出了我国自然地理学的一个新的研究方向——古地理研究[2]。他发现，有些地区的某些"现代"自然地理特征，与当地现代的自然地理过程实不相容，它们应是以前早些时候的"古地理"遗迹，只有探讨该地区的古地理过程方能真正认识其本质。

"古地理"一词最早源自地质学，其核心主要是根据沉积岩相来复原古自然环境，岩相是当时环境的综合体现，能够反映当时环境是海还是陆、是干寒还是湿热等。而周廷儒先生提出的自然地理学的"古地理学"不只是搞地质沉积学的内容，而是"将古论今"，通过古环境来

作者简介：叶瑜（1979—　），女，讲师，主要从事气候变化及其影响与适应、历史土地利用/覆盖变化等方面的研究。北京师范大学"区域地理国家级教学团队"成员。

解释现代环境的形成过程。这是自然地理学方向的古地理学的核心思想[3][4]，这一学术思想不仅得到同行们的高度认同，也引领了不止一代人的学术发展道路[5~7]。

张兰生先生的《中国古地理——中国自然环境的形成》给予自然地理学方向的古地理学进一步的阐述。他认为，自然地理学方向的古地理学是基于发生学思想，研究和阐述每一个自然综合体或称区域地球表层系统的成因与发展过程。对自然地理学来说，研究对象是"现代"自然环境，只是由于现代自然环境的形成具有继承性，有一个长期的过程，要认识"现代"自然地理特征，追溯发展历史和演变过程是必要的，因此，研究过去的目的是为了解释现在。古地理学要在古环境和现代地理环境之间架设一座桥梁，将地质学"古地理"的成果——不同时期一幕幕的"古"场景按照发生学的原理串联起来，复原其形成和演变过程，最终回归到现实，落实到地球的表层上来解释现代自然环境特征，这就是自然地理学的古地理的最终目的和落脚点。相对于已先被地质学界使用的"古地理"这个名词而言，张先生更倾向于使用地理学意义更鲜明的"环境演变"，从一开始就建议用《中国自然环境的形成与演变》作为系列专著中古地理卷的书名。虽然从系列专著整体考虑，最终仍使用了《中国古地理》的书名，但加了一个副标题：中国自然环境的形成，以强调自然地理学的古地理学的根本内涵。

2　基于发生学的区域"景观组合"

《中国古地理——中国自然环境的形成》一书最具特色之处，是提出了基于发生学的自然地理"景观组合"概念。张兰生先生认为，"景观"是地理学中的一个通用术语，它的最一般的意义就是指人们对外部总体环境直观、综合的视觉感受。共同主导驱动力下、经历同步发展过程而形成的不同景观排列在一起，所呈现的实际上是一个综合的复合体，或可称之为一组特定的"景观组合"。每一种典型景观组合发展到现在，都有其之所以形成现今独特面貌而区别于其他区域的主导因子。实实在在地存在于现代自然地理环境的"景观"或"景观组合"，跟已经消失了的"古环境"之间具有"发生"上的关系，而这种关系不经阐发是不一定能够被"认识"的，自然地理学方向的古地理学就是从发生学上对现代景观组合的形成加以阐释。

《中国古地理——中国自然环境的形成》分总论和分论两部分，总论从全球的视角看中国，将中国自然环境形成的独特过程纳入全球变化的框架之下。中国现代自然景观格局的形成有与全球环境变化相对应的阶段性，是过去全球变化在区域上的响应。前新生代，板块构造活动是主导驱动因子，在这个背景之下海陆分布格局、大气圈形成与演化、沉积与侵蚀区分布、原始生命进化等自然地理过程协同演进，从而完成了我国自然环境从古代向现代的过渡。新生代，我国地貌格局的奠定、季风气候系统的形成是主要过程，其他圈层协同反馈，以致最终形成我国高寒荒漠区、西北内陆干旱区、东部季风区三大自然景观的分异。第四纪，以气候波动为主导的冰川消长、海面升降、动植物迁移以及人类生产活动的影响等，构成我国现今的自然地理景观格局。现在我国与全球一样所处的是第四纪冰期—间冰期旋回中的全新世间冰期模态。

中国现代自然地理环境的形成既与全球变化有一致性，又显示了其区域独特性。第四纪时期青藏高原隆起及现代季风的形成演化，冰期—间冰期旋回变化中冬、夏季风的彼此消长和边缘海的大幅度进退，是我国自然环境演变过程的两大突出区域特征，对我国现代环境特征的形成有深刻的影响。

该书在分论部分，从"发生"上分析、阐述了我国境内 8 类"景观组合"类型的形成过程、驱动力以及发展方向。青藏高原表现为高寒高原及边缘深切峡谷景观组合，其"发生"上的共同根源在于青藏地块新生代以来的急剧抬升，高原面上的寒荒漠与边缘峡谷垂直带，是同一主导因子下因果相承的两种表现，二者形成上是同源的，属于同一"景观组合"。西北干旱区表现为高山巨盆与绿洲、沙漠景观组合，周围高山的阻断作用与深处大陆腹心的位置导致盆地内部的干旱化，而山地抬升到一定高度后降雨积雪所产生的流水、冰川作用又为后来盆地中形成戈壁、沙漠提供了物质来源，分布于山麓地带的绿洲和盆地中的湖泊均得益于高山水源的涵养，显然，垂直分异的景观带构成了"发生"上紧密联系的"组合"。东部季风区共同的主导因子是季风气候，根据内部"发生"上的不同，可进一步区分：兴蒙高原草原、沙地自然景观组合，其形成的主导因子是季风的尾闾效应；秦岭南北自然景观组合，秦岭以南的四川盆地暖湿红盆丘陵与秦岭以北的陕北—鄂尔多斯地区干旱黄土景观的迥然分异，根源在于秦岭—大巴山不断地升高，终于成为冬夏季风的重要屏障；滇黔桂地区喀斯特景观组合，当地现代景观形成的重要基础是从古生代延续到三叠纪沉积下来的石灰岩层，尽管存在地带性差异以及地势和发育阶段不同所导致的差别，喀斯特化从发生上成为这一区域内现代景观特色形成的共同本质；东部的三大平原与低山丘陵景观组合，包括东北、黄淮海、长江中下游的三大平原，以水系演化为主导因子，广阔的河流冲积泛滥平原为其主要景观特征，而分布其间的胶辽鲁西、闽浙以及长江以南分跨南岭南北的低山丘陵则同为古陆基底起源，因不同的大地构造基础和地貌发育过程，以及南北之间跨越热带、亚热带、暖温带和温带广阔的空间，而各自呈现不同的自然地理景观。东部边缘海中不同源起和形成过程的岛屿景观，包括原先是大陆的一部分、后来由于地块断裂或冰后期海侵而形成的大陆岛如海南岛和各"列岛"、"群岛"，年轻构造活动带上形成的、具有高山峻岭特殊海岛景观的台湾岛以及热带海洋中的珊瑚礁岛及少数火山岛如南海诸岛。

3　以现代人地关系为落脚点

在《中国古地理——中国自然环境的形成》一书的编写过程中，张先生一直强调突出人地关系的主线、以现代人地关系为落脚点。张先生认为，古地理学应当讲述与人类生产生活息息相关的那些景观的形成、演化过程，特别关注与现代资源、环境有关的重要事件及其影响。在该书内容简介的第一句就写道："中国人民寄身其间并赖以生存的中国自然地理环境"。这句话从一个侧面精练而深刻地道出了张先生对人类与自然地理环境关系的理解。"寄身其间"，指人是作为环境的一个组成部分，从久远的历史看甚至是一个渺小或微不足道的部分，地理环境则是承载人类生产生活的空间；"赖以生存"，指人类的衣食住行、生产生活乃至文明的发展归根结底都依赖于自然地理环境。另一层意思是说，古地理所研究的绝非是一个与人类没有任何瓜葛的单纯自然地理环境的形成，它与后来人类的生存与发展休戚相关。"究天人之际，通古今之变"是张先生长期追求的地理学研究目标。

由于受系列专著各卷分工的限制，张先生关于以现代人地关系为落脚点的思想在《中国古地理——中国自然环境的形成》一书中难以完整阐述，但这一思想在只言片语中还是做出了清晰表达。

首先是关注与现代资源有关的地质过程。一些重要地质时期与构造事件促成了岩石圈的最终演化形成，它们与我国丰富的煤炭、石油、热液矿床等资源的形成与储藏密切相关。例如，中生代印支、燕山运动导致中国陆块群的碰撞、拼接和几大缝合带的形成是重要的地质事件，自此中国大陆的现代轮廓基本成型，同时许多热液矿床也与之伴生；中生代沉积盆地中埋覆形成了我国最好的生油层系之一；鄂尔多斯地区丰富的煤层，与其晚石炭世—早二叠世曾为滨海盆地、气候环境湿热有关；鲁中丘陵与辽南储量丰富的非金属矿产如石灰矿、黏土矿源于寒武—奥陶纪的碳酸盐与碎屑岩交互沉积层等。

其次，一些现今环境问题也可以从古地理环境发展过程中找到肇始。例如，滇黔桂地区现今的石漠化问题，与该地区从古生代延续到三叠纪沉积下来的石灰岩沉积及其后的喀斯特发育有关；甘新地区沙漠与绿洲的进退与第四纪冰期—间冰期气候的周期性变化所造成的冰川融水和河川水量变化有关，同时还叠加了历史上人类开垦活动的影响；兴蒙区的沙漠化以及农牧业的消长与第四纪以来的季风尾闾效应有密切关系。

特定区域往往形成与该地区"区域特征环境"相适应的一些人文现象。了解了"区域特色"的形成过程，对于这些特定的人文现象就不难理解了。例如，苏北沿海历史上修建的云梯关、范公堤等与海平面变化有关；黄淮海平原上历史文化名城开封城址的多次更迭与"城摞城"的特殊现象，是公元 1128 年黄河夺淮南移后多次决溢的反映；江南丘陵丹霞地貌旅游景观得益于中生代热带—亚热带巨厚"红层沉积"经后期流水侵蚀、切割；等等。

此外，地质历史时期所发生的某些过程对现代人类也具有借鉴意义。例如，元古代末期蓝藻的大量出现大大改变了大气圈成分，使得原先的还原环境逐渐向氧化环境过渡，然而蓝藻却因不能够适应这种新环境而逐渐衰落。这种由于自己无意识的行为所产生的后果，应是对当今人类活动与全球变化关系的一个警示。

4　结语

张兰生先生是对我国古地理与环境演变的学科发展与学术研究有着重要贡献的一位著名地理学家[8]。他自 1952 年起任周廷儒院士的助教，深得周先生的指引与影响[7]。同时，他善于捕捉国内外科学发展前沿、积极引进和吸收国外的新理论新思路，将其融入对我国的环境演变研究当中，引领和大大推动了我国地理学界对环境演变的研究。

解读张兰生先生著《中国古地理——中国自然环境的形成》的学术思想，可主要概括为：①自然地理学方向的古地理学基于发生学思想，研究和阐述每一个自然综合体的成因与发展过程，以通过追溯过去环境发展历史与演变过程来解释现代自然环境特征为根本内涵与最终目的；②提出了基于发生学的自然地理"景观组合"的概念，每个典型景观组合都有与其所以形成现今独特面貌而区别于其他区域的主导因子；③以现代人地关系为落脚点，从古地理环境演变过程中了解与人类当今生产、生活相关的资源环境问题与人文现象。

与张先生的共处中，他独到的学术眼光、孜孜以求的治学精神和精辟入理的谈论，以及他谦虚、正直而幽默的为人风格，也深得我们的尊敬与敬仰。当初他吸收还是博士研究生的我们参加《中国古地理——中国自然环境的形成》一书的编写，其用心良苦，是希望一批"训练无素"青年学子通过参与书稿的编写，学习和理解中国自然环境演变的总体脉络和关键环节及其复杂性和独特性。尽管每个人所编写的初稿在经过后期多番修改已"面目全非"，但从学习的意义上讲，每个参与其中的人都得到了一份切实的收获。

目前在北京师范大学地理学与遥感科学学院开设的研究生课程"中国自然环境演变"，作为学术思想传播的窗口，以《中国古地理——中国自然环境的形成》一书作为主要教学参考书，将延续我们后辈更多人对古地理学与环境演变思想的进一步学习和传承。

致谢：北京师范大学地理学与遥感科学学院的方修琦教授对本文进行了指导与修改，作者在同参与《中国古地理——中国自然环境的形成》初稿编写的青海师范大学刘峰贵教授、侯光良博士，北京教育学院曾早早博士，北京师范大学地理学与遥感科学学院博士研究生魏本勇、王辉、李蓓蓓，硕士研究生王倩等一起讨论与交流中得到不少启发，在此表示诚挚谢意！

参考文献：

[1] 张兰生，方修琦. 中国古地理——中国自然环境的形成[M]. 北京：科学出版社，2010.

[2] 张兰生. 周廷儒生平与贡献[M]. // 周廷儒文集. 北京：北京师范大学出版社，1992.

[3] 周廷儒. 古地理学[M]. 北京：北京师范大学出版社，1982.

[4] 周廷儒，任森厚. 中国自然地理·古地理[M]. 上册. 北京：科学出版社，1984.

[5] 北京师范大学地理学与遥感科学学院. 山高水长——周廷儒院士纪念文集[M]. 北京：北京师范大学出版社，2006.

[6] 李容全，赵烨，邱维理. 中国新生代地理学的发展[J]. 地理科学，1999，19(4)：364～367.

[7] 张兰生. 地理学与环境演变[M]. // 谢觉民. 史地文集——纪念浙江大学史地系成立 70 周年. 杭州：浙江大学出版社，2007.

[8] 方修琦. 时间维的自然地理学研究[J]. 古地理学报，2007，9(6)：669－674.

Understanding Professor Lansheng Zhang's Paleogeography of China：Formation of Natural Environment in China

Yu Ye[1,2], Lingbo Xiao[3], Peihong Yin[4]

1. School of Geography，Beijing Normal University，Beijing 100875

2. Key Laboratory of Environment Change and Natural Disaster，Ministry of Education，Beijing Normal University，Beijing 100101

3. School of History，Beijing Normal University，Beijing 100875

4. Policy Research Center for Environment and Economy，MEP，Beijing 100029

Abstract：Palaeogeography of China：Formation of Natural Environment in China is one of Professor Lansheng Zhang's representative books. From the book，Professor Lansheng Zhang's main academic thought can be summarized as follow：①The core of Paleogeography in the view of Physical Geography could be interpreted to explain the features of modern natural environment by tracing its evolution history；②Each region has its typical landscape combination，that is different from other regions，for its unique history of environment changes；③From the perspective of the relationship between human and environment，past environment changes may provide a way to understand the modern human phenomena and the resources or environmental issues related to production and human lives.

Keywords：Lansheng Zhang，Palaeogeography，Academic thought

赵济先生在地理学研究和教育方面的主要成就

王静爱

北京师范大学地理学与遥感科学学院，北京　100875

北京师范大学区域地理研究实验室，北京　100875

摘要： 赵济教授 2009 年获得中国地理学会第二届"中国地理科学成就奖"。他从事区域地理教学与科研工作近 60 年，目前是北京师范大学"区域地理国家级教学团队"的教学指导。本文从区域地理教学与改革、开拓区域地貌与土地利用研究、促进区域遥感地学分析研究、提升区域地理规律认识以及教书育人等方面介绍了赵济教授的贡献，以期为后学从事地理教育和研究提供范例。

关键词： 赵济；中国地理；本科教学；教学团队

2009 年 10 月 17 日，在中国地理学会百年庆典大会上，赵济教授荣获中国地理学会第二届"中国地理科学成就奖"，成为我国地理学界公认的有重大贡献的科研人员和教育工作者。

赵济教授 1953 年毕业于北京师范大学，历任北京师范大学地理学与遥感科学学院(原地理系)助教(1953～1956 年)、讲师(1956～1978 年)、副教授(1978～1985 年)和教授(1985 年至今)。曾任地理系系主任(1984～1991 年)。兼任中国地理学会常务理事(1990～2000 年)、教育委员会副主任(1996～2000 年)、国家教委首届高校地理学教学指导委员会成员(1990～1995 年)、北京地理学会理事长(1996～2000 年)、中国自然地理教学研究会理事长(1988～1994 年)等职。赵济教授 1995 年退休后，继续引领并指导北京师范大学区域地理教学和学科建设工作，讲授中国地理示范课程。他担任教育部全国中小学教材审定委员会(地理组)委员(2001 年至今)，现为北京师范大学区域地理研究实验室学术委员会主任(2002 年至今)，"区域地理国家级教学团队"教学指导(2007 年至今)和国家精品课程"中国地理"教学指导(2003 年至今)。赵济教授先后获得国家级教学成果一等奖 1 项，全国高等学校优秀教材奖 2项，获得科技进步二等奖 1 项，省部级科研奖 12 项，成就卓著，为区域地理教学和科学事业作出了卓著贡献。

1　积极推动高校区域地理教学与改革

赵济教授长期任周廷儒院士的助手，在周廷儒先生和张兰生先生的指导下，从事中国地理课程建设，主编两部对全国高校中国地理课程具有重要支撑作用和广泛影响的教材：①主编的高校统编教材《中国自然地理》(高等教育出版社，1984 年第一版，1995 年第二版)，现正修订第四版，获国家教委第一届全国优秀教材奖(1988 年)；②主编的面向 21 世纪课程教材《中国地理》(高等教育出版社，1999 年第一版)，现正修订第二版，该教材突破近 50 年来区域地理先写自然地理、后写人文/经济要素的写法，大胆创新，获教育部全国普通高校优

作者简介：王静爱(1955—　)，女，教授，主要从事中国地理教学和自然灾害、土地利用与专题地图等方面的研究。北京师范大学"区域地理国家级教学团队"的带头人。

秀教材二等奖(2002 年)。

赵济教授长期从事地理专业相关的本科生基础课教学，执教 55 年，至今仍在中国地理课程教学领域辛勤耕耘。主持并指导两项对全国高校区域地理课程具有重要引领和辐射作用的教改项目：①完成"九五"国家重点科技攻关项目子课题，出版国内第一套与高校教材配套的《中国自然地理多媒体教学软件》(2000 年)，在教学方法的现代化上取得重大突破；②全面指导和践行区域地理课程建设，其以中国地理为核心的"区域地理课程体系建设与改革"项目，涉及"课程—教材—教法—教研—师资队伍"建设与改革，获国家教学成果奖一等奖(排名第一，2001 年)，"中国地理"入选国家精品课程(2005 年)建设立项。

赵济教授步入中年以后，在师资队伍建设上倾注了大量心血，一方面，基于"全国高校中国自然地理教学研究会"(1980～2000 年)和"全国高校中国地理教学研究会"(2000～2009年)，通过组织编写教材、讲习班和野外考察等，引领了一支全国各省区的区域地理教师队伍；另一方面，支撑并指导一个国家级教学团队(第一批，2007 年)，即北京师范大学"区域地理国家级教学团队"，为国家培养了大批中青年骨干教师，并培养出一名国家级教学名师(2006 年)。

2 通过实地考察开拓干旱与半干旱地区地貌与土地利用格局的研究

赵济教授自 20 世纪 50 年代中期参加中国科学院新疆综合考察队，在周廷儒院士的带领下，开展干旱区区域地貌的研究。协助周廷儒院士完成《新疆地貌》的撰写，编制 1/500 000新疆地貌图。该书是我国第一部省(区)级以及集中分析干旱地区的地貌专著。经过深入考察研究，与周廷儒合著论文《南疆塔里木河中游变迁问题》，揭示了塔里木河中游变迁规律，该论文受到竺可桢院士的赞许，该文还曾被译成俄文，1961 年由苏联科学院出版，40 多年来成为研究塔里木河演变的主要科学文献，被许多学者引用。1997 年出版的《罗布泊探秘》一书的序言中指出：论文《南疆塔里木河中游变迁问题》是"罗布泊不游移"说有关论文中极为重要的一篇。

从 20 世纪 80 年代初期以来，赵济教授带领研究小组，通过大量的实地考察，充分应用遥感信息，编制了 1/1 000 000 内蒙古自治区土地利用图、1/250 000 山西省土地类型图和山西省土地资源评价图、1/100 000 晋西 12 县土地类型与土地资源评价图等基础性图件。这些研究工作，为内蒙古自治区土地利用规划的制定以及山西省农业区划、水保规划的制定提供了科学依据，"1/1 000 000 内蒙古自治区土地利用图"获国家土地管理局科技进步一等奖。

20 世纪 80 年代末期，针对我国北方海岸带的开发利用所面临的严峻形势，在国家自然科学基金资助下，赵济教授出版了专著《胶东半岛沿海全新世环境演变》(1992 年)，揭示了胶东半岛沿海全新世环境演变的规律，该成果获国家教委科技进步(基础类)二等奖。

3 促进区域自然条件和农业自然资源遥感地学分析模式研究

从 1979 年起，教育部组织北京大学、北京师范大学、华东师范大学、南京大学等单位在山西省太原地区进行遥感应用试验，赵济教授作为技术指导组的副组长，在工作中充分利用本人对该区域自然地理熟悉的优势，创造性地将区域遥感影像与区域自然地理分析相结合，揭示了农业自然条件系列信息的空间分布与动态深化规律，在遥感影像的目视解译方面取得了突破性进展，相继完成了太原幅 1/500 000 农业自然条件遥感解译系列图，1/250 000山西省农业自然条件遥感解译系列图。这些成果先后两次获山西省科技进步一等奖，农牧渔业部、全国农业区划委员会科技一等奖。赵济教授在参加国家"六五"、"七五"科技攻关项目中，进一步完善了"遥感目视解译编制自然条件与农业自然资源系列图"的方法，发展了遥感地学分析中的定量方法，在区域盐碱土制图、区域土壤侵蚀分区、风蚀沙化动态的遥感定量研究中取得创新成果，1986年获国家教委科技进步一等奖，1987年获国家科技进步二等奖（排名第二）。

赵济教授1984~1987年参加国家"六五"科技攻关项目"遥感在内蒙古草场资源调查中的应用研究"，作为土地利用组的组长，在编制了一系列1/250 000、1/500 000土地利用图的基础上，完成了1/500 000内蒙古自治区土地利用图，并提供了以盟、市、县为单位的一整套土地利用数据。该数据被内蒙古"九五"规划所采用，研究成果1985年在日本召开的第十五届国际草地会议上展示，引起了与会代表的关注。会议秘书处在向日本政府的报告中，特别指出该项成果值得其他国家借鉴。此成果获1987年内蒙古自治区科技进步一等奖，1988年获国家科技进步三等奖。

赵济教授"七五"期间参加黄土高原水土流失重点治理区遥感调查国家科技攻关项目，重点研究应用遥感地学分析模型揭示裂点、滑塌分布规律及其与水土流失的关系，为水土保持工程布局提供了依据，该成果1992年获农业部科技进步二等奖（排名第三）。

4   提升对中国地理区域规律的认识

赵济教授曾参加黄河河源考察，与考察队其他成员共同澄清了有关河源地区的地理事实。1978年，根据对河源区的实况调查，并查阅大量汉、藏文献，他认为雅拉达泽山并非黄河发源地，扎陵湖位置在西，鄂陵湖在东，这一考察成果被国家采用，在1979年以后的出版物均据此考察结果改正。考察队根据河源特征地理实测资料，提出以卡日曲为黄河正源更为合理。

赵济教授在丰富的野外地理实践和教学基础上，以新近纪以来中国自然环境演变和区域分异规律为线索，与合作者共同完成《中国自然地理》一书。他还参加了由任美锷院士主持的"中国自然区域及开发整治"重点研究项目，完成其中西北区、内蒙区和部分华北区的研究任务。该成果获国家教委科技进步（基础类）二等奖。在"八五"期间，与张兰生教授等专家合作组织全国十多个单位，编制"中国自然灾害地图集"，该图集1992年由科学出版社以中英文两种文字出版，受到学术界的高度评价，并于1993年获中国人民保险公司科技进步一等奖。

赵济教授将遥感技术、地理信息系统技术、多媒体技术与野外地理考察相结合，致力于对中国区域地理的综合研究。在国家"九五"科技攻关项目"中国自然地理计算机辅助教学软件研制"中，他将自己多年从事中国自然地理野外考察的记录与科研成果及教学经验融为一体，借助现代信息技术，实现了中国自然地理的综合分析。他还与郑光美、许嘉琳、王华东等教授合作把对中国自然环境的空间结构及其形成与发展规律的研究成果写成高级科普读物，在美国、英国以《The Natural History of China》出版，该书已成为国外一些大学中国地理教学的重要参考书。针对中国的资源与环境问题，为实现国家的可持续发展战略，赵济教授与合作者在分析中国自然环境时空分异基础上，深入开展对中国自然环境与资源、经济和社会文化结构的综合研究，实现了将中国自然地理与人文地理的高层次综合，并已将区域规律的科学认识写入《中国自然地理》和《中国地理》教材中予以传承。

5 学为人师，行为世范

赵济教授热爱祖国，拥护党和政府的方针政策，作风正派，科学严谨，工作认真，长期在教学和科研第一线奋战。他的足迹遍及全国各地，多次参加中国科学院组织的我国中西部地区的野外综合考察，2008 年，他以 78 岁的高龄，又一次进入新疆罗布泊进行野外考察。从"六五"到"十五"都承担国家科技攻关任务，并承担两项国家自然科学基金项目及国家教委和有关部委的科研任务。所承担项目都亲自动手，按期出色完成任务，大多成果获得科技奖励。在科研协作中，能虚心向各方面的专家学习，与有关单位、同事能相互尊重，团结合作，关系融洽。在荣誉面前能正确对待，在工资晋级、科研获奖排名等方面能够谦让，尊重他人劳动成果，淡泊名利，受到领导和同事的赞誉。

赵济教授从未间断过本科教学，有 50 多届学生倾听他的教诲，共享他的地理人生。赵济教授学为人师，行为世范，对广大青年学子产生了深刻影响。

Professor Ji Zhao's Achievements in Geographical Science and Education

Jingai Wang

School of Geography，Beijing Normal University，Beijing 100875

Key Laboratory of Regional Geography，Beijing Normal University，Beijing 100875

Abstract：Mr. Zhao won the "Chinese Geographical Science Achievement Award" by Geographical Society of China Centenary Conference in 2009. He has engaged in regional geography teaching and research for nearly 60 years. He is the teaching guider of the regional geography teaching team at present. This article reveals his contribution to regional geography teaching theory and methods in the following aspects. Firstly，he promoted the reform of university teaching and regional geography actively. Secondly，Mr. Zhao opened landscapes in arid and semi-arid areas of land use patterns by insisting geographical fieldwork，made many significant contributions in academic articles and monographs. Thirdly，Mr. Zhao promoted regional natural conditions and agricultural natural resources remote sensing analysis mode. Mr. Zhao improved understanding of the laws of China region by hosting and participating in field trips（origin of yellow river），research projects，specifically the development，etc. Mr. Zhao，60 years until today still adheres to the undergraduate teaching，is the common's model.

Keywords：Ji Zhao，China Geography，Undergraduate Teaching，Teaching Team

赵济先生的野外考察经历

苏　筠

北京师范大学地理学与遥感科学学院，北京　100875
北京师范大学区域地理研究实验室，北京　100875

摘要：赵济先生是有丰富野外考察经历和经验的著名教授，从 20 世纪 50 年代至今，他的足迹遍及全国各个省区。1957～1959 年，赵济先生随周廷儒先生参加了新疆综合考察队地貌组的工作，考察实测了罗布泊，并搜集了大量珍贵资料，为判定罗布泊非"游移湖"提供了依据。在"六五"、"七五"期间，赵济教授作为组织者之一开展了山西农业资源、内蒙古草场资源、晋西土壤侵蚀的遥感调查工作，其成果获得了国家科技进步二等奖等多个奖项。自 1980 年至今，赵济教授一直坚持参与全国高校"中国自然地理"、"中国地理"教学研究会的工作，先后到十余个地区进行教学性野外考察，促进各地区区域地理课程任课教师提升野外工作能力。赵济教授强调野外考察是地学研究的基础，平时要注意考察方法的学习和技能的训练；野外考察和遥感等新技术都是研究地理学的重要手段，遥感影像的判读，离不开对实地的调查和地学分析；野外考察有助于提高区域地理课程任课教师的教学水平，有助于人才培养及学生综合素质的提升。

关键词：野外考察；遥感地学分析；区域地理教学

　　赵济先生 1953 年毕业于北京师范大学地理系(现地理学与遥感科学学院)并留校任教，主要从事区域自然地理、遥感应用方面的研究和教学，主编有《中国自然地理》、《中国地理》等教材。在其 60 年的地理学学习、研究与教学生涯中，野外考察的足迹遍及全国各省区(图 1)，在新疆、内蒙古、华北等地区进行过长期考察。曾在周廷儒、费道洛维奇、周立三、陈述彭、吴传钧等多位大师的指导下开展野外工作。记录赵济教授野外考察经历及体会，有助于进一步认识野外考察在地理学习和研究中的作用和意义。

1　主要野外考察经历

　　赵济教授的野外考察经历，按考察的性质和目的大体可以分为两类。第一类是基于科研学术任务而进行的探究型考察，如新疆综合考察、黄河源考证，以及山西、内蒙古等地的专题调查；第二类是基于教学实践目标而进行的认知型考察，如中国自然地理、中国地理教学研究会多次会议的区域专题考察。

1.1　20 世纪 50 年代参加新疆综合考察

　　新中国成立初期，国家百废待兴，急需为宏观布局与建设规划提供第一手的科学资料。新疆是我国土地面积最大的一个省区，在国防上具有战略地位，在自然条件和资源方面有其独特的优势。但新疆的科学资料贫乏，虽然近百年有不少中外探险家和旅行家的著述，但大多系描述性的记录。1956～1960 年，中国科学院组织了第一次新疆综合考察。考察的主要目标是完成新疆自然条件、自然资源开发利用和农林牧业生产发展的科学专题研究，以科学

　　作者简介：苏筠(1974—　)女，副教授。主要从事自然资源、自然灾害与区域地理教学与研究工作。北京师范大学"区域地理国家级教学团队"成员。

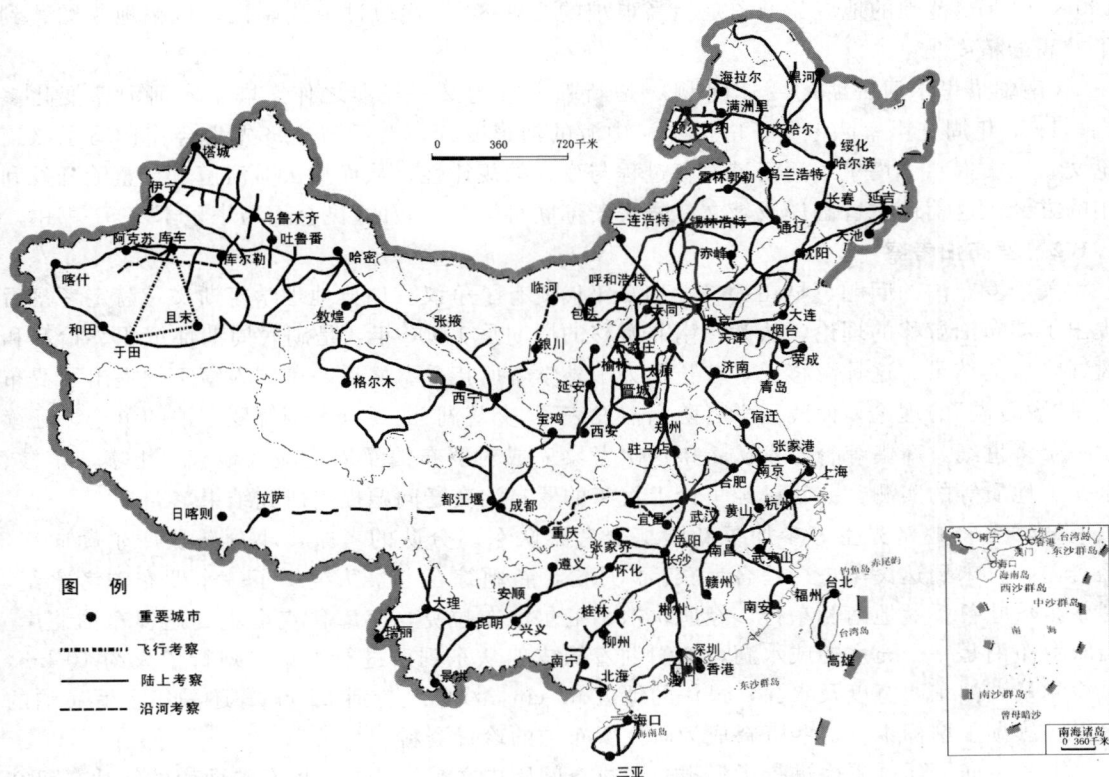

图 1 赵济教授野外考察路线示意图

Fig. 1 Sketch map of professor Ji Zhao's field routine

资料为主要内容编写或编制有关新疆地貌、气候、水文地理、地下水、土壤地理、盐渍土改良、植被、动物、农业、畜牧业、经济地理及自然区划与农业区划等系列专著及地图。周廷儒先生被聘为地貌组的组长，赵济先生跟随周先生参加了地貌组的考察工作。

1.1.1 地貌考察及论著编写

1957 年，赵济先生参加了天山北麓等地的考察，1958 年考察了南天山、塔里木盆地北部和塔里木河等，1959 年主要考察了塔里木盆地东南部。

在总结新疆考察成果的基础上，周廷儒先生主持编写了专著《新疆地貌》[①]，赵济先生参与了编写工作。《新疆地貌》是国内省区级第一部地貌学专著。书里分析了新疆地貌的特征、形成原因，划分了新疆地貌类型，对分区地貌特征、格局等进行了论述。更重要的是，图书重点讨论了干旱区地貌形成、发育的若干基本问题，比如气候在干旱区地貌发育中的作用、河流地貌发育、湖泊地貌、风沙地貌、黄土和亚砂土、古地理问题等，为深入研究干旱区地貌奠定了基础，成为研究新疆地理的经典之作。

《新疆地貌》书后所附的 1∶2 500 000 新疆地貌图[②]，填补了新疆地貌研究的空白。该图的编制工作是在周廷儒先生的指导下进行的。20 世纪 50 年代在资料匮乏的情况下要编制

---

① 周廷儒，严钦尚，赵济，等．新疆地貌[M]．北京：科学出版社，1978(1966 年编制新疆 1∶1 000 000 地貌图、编写《新疆地貌》专著的工作即将完成，但受阻于"文化大革命"，全部工作延至 1978 年才结束)。

② 原来编制的地图比例尺为 1∶1 000 000，受限于出版经费，缩编为 1∶2 500 000。

$160×10^4$ km² 范围的地貌类型图是相当艰难的,到 80 年代通过卫片验证,该幅地貌图达到了较高的精度。

《南疆塔里木河中游的变迁问题》[①]是新疆考察的又一经典之作。塔里木河河床变化多端,1958 年周先生率队考察了塔里木河中游的河道变迁,之后与赵济先生合作撰写了该篇论文。论文揭示了塔里木河河道发育过程与变迁的规律性,从而提出对河道进行整治开发利用的方针。这篇论文曾翻译成俄文,发表于苏联科学院出版的《昆仑山与塔里木河》一书中。

1.1.2　罗布泊考察

关于罗布泊的问题,早在 19 世纪 80 年代就有了争议。瑞典地理学家斯文·赫定考察后提出了罗布泊游移的理论,认为它南北游移的周期是 1 500 年,是湖底周期性沉积、抬升和风蚀降低的结果。这种游移说,曾长期为中外学者所接受。之后,美国人亨丁顿提出了罗布泊是"盈亏湖"的理论,而我国学者陈宗器发表了"交替湖"的观点。围绕罗布泊的争论,延续了一个多世纪。新疆综合考察队希望这次考察完成对罗布泊及周边地区地貌、土壤、植被、水文、地质等的实测,并对已经争论上百年的罗布泊变迁问题提出研究结果。

1959 年,赵济先生等参加了新疆综合考察队东疆分队的考察,小分队从库尔勒向南,经若羌、且末到达民丰进行综合考察。9 月份,新疆综合考察队组织了一个罗布泊考察组,考察组从吐鲁番盆地南侧东行,经迪坎尔、玉尔滚布拉克,穿库鲁克塔克到达罗布泊北岸。当时罗布泊是一个充水的咸水湖,他们划着橡皮船从东到西进行测量,划行了大约 10 km,沿途测量湖泊东西宽度及水深,最深的地方 65 cm,浅的地方有 21 cm。还采集了罗布泊的水样、滨湖土壤标本,这些资料成为研究罗布泊的珍贵资料。

考察组向周廷儒先生进行了汇报,通过查阅历史文献,分析了罗布泊西南的航片,研究了罗布泊西南部入湖三角洲的地貌发育,以及湖泊所在地的海拔,结合喀拉和顺湖是淡水湖等特征,推论出喀拉和顺湖和罗布泊是相通的,水流经喀拉和顺湖,最后的归宿是罗布泊。因此认定,罗布泊不是游移湖。只是受到盆地内部最新构造运动和水文变化的影响,表现出各个时期积水轮廓的变动。这次考察,澄清了百余年来国际学术界对罗布泊"游移"问题的争论。

而关于罗布泊的干涸时间,也曾是一个有争议的问题。一种观点认为,20 世纪 40 年代以来罗布泊上游的孔雀河水流减少,导致罗布泊湖体收缩后消失。但赵济先生拍摄的照片直观地证实 1959 年时罗布泊具有宽阔的水面。2008 年 12 月,赵济教授参加了由中国科学探险协会和科学探险普及中心组织的"东方道迩罗布泊大型综合科学考察",再次来到了已干枯的罗布泊进行考察,与同行者研讨 50 年来罗布泊的环境变迁。他当年的考察记录和照片,成为推断罗布泊干涸年代的依据之一。

1.2　"六五"、"七五"期间的山西、内蒙古遥感调查

遥感技术能迅速及时地获取大量客观的地理信息,遥感信息为地理学的区域综合分析、动态分析提供了数据基础,是地理学分析的重要信息源。赵济先生在陈述彭先生的指导下,于 1977 年参加了广西野外遥感调查,是国内高校中较早应用遥感技术的教师。1977 年在高校地理系修订教学计划的研讨会上,赵济教授率先提出在高校地理系开设"遥感概论"课程,经与会者讨论将其列入教学计划。

---

① 周廷儒,赵济.南疆塔里木河中游的变迁问题[C]//莫尔扎也夫 Е М,周立三.新疆维吾尔自治区的自然地理条件(论文集).北京:科学出版社,1959:60~74.

20 世纪 80 年代初，赵济教授所参与的山西农业资源的遥感调查，综合运用遥感信息与考察信息、遥感分析和地学分析完成了山西省土地类型、土地资源评价等多项任务。80 年代中后期所参与的内蒙古草场资源调查、黄土高原土壤侵蚀调查，不仅扩展了遥感应用的区域，更拓展了研究方向和内容。

1.2.1 山西、内蒙古的资源调查及制图

1980 年，山西省政府邀请高等院校利用遥感信息进行农业资源调查及区划工作。参加山西农业区划的单位包括北京大学、北京师范大学、东北师范大学、南京大学、华东师范大学、山东大学、南京林业大学、北京农业大学等。

工作组利用 MSS 卫片，通过目视解译，结合航片和野外考察，首先用太原幅做实验，历时一个月完成了农业自然条件系列图。之后历时一年多，完成了山西全省 15.6×10^4 km^2、1：500 000 比例尺的 10 多幅系列图件，包括农业地质、地貌、土地利用、土地类型、土地资源评价、森林、草地、植被、农业生产条件、水文、农业气候、土壤、土壤侵蚀、种植现状、综合自然区划等。这项工作完成后受到了国家有关部门的高度重视，由国家计委、国家经委、国家教委三部委联合发出通知，在山西召开全国现场交流会，在全国推广应用卫星遥感信息快速完成农业资源调查及农业区划编制的经验。

在上述工作的基础上，1983 年 5 月，工作组接受了国家科委下达的"卫星遥感信息在山西省农业自然资源定量分析中的应用研究"攻关项目。这个项目获得了多个国家、省部级奖项，1987 年获得了国家科学技术进步二等奖。

1984 年，高校遥感联合体又接受内蒙古自治区政府的邀请，开展内蒙古草场资源遥感调查。工作组利用 MSS、TM 卫片，结合实地考察，完成了内蒙古地貌、土壤、水文、气候、植被、草场资源、土地利用等系列图件。赵济教授作为土地利用组的组长，编制了土地利用图，并为地方提供了土地利用数据，为内蒙古制定"九五"规划提供了科学依据。此项研究获国家科学技术进步三等奖。

1.2.2 晋西 12 县的遥感调查及制图

国家"七五"科技攻关项目"黄土高原重点治理区遥感调查与系列制图"选定在晋西、陕北和内蒙古准格尔旗的黄河峡谷两岸严重水土流失区，进行资源环境遥感调查与系列制图，区域面积 8×10^4 km^2。整个课题由中国科学院自然资源综合考察委员会和中国科学院遥感所负责，根据分工，北京师范大学地理系承担黄土高原重点治理区中山西西部 12 个县的遥感调查与制图任务。

晋西 12 县包括兴县、临县、方山、离石（现吕梁市离石区）、柳林、石楼、中阳、永和、大宁、吉县、乡宁、河津。面积共约 2×10^4 km^2。课题组经过两年实地考察，编制了晋西 12 县的 1：100 000 的土地利用图、草场类型图、森林分布图、土壤侵蚀图、土地类型图及土地资源评价图，同时提供了相应的资源数据清单和文字报告。1990 年晋西 12 县的全部调查及制图工作完成。1993 年，出版了《晋西黄土高原地区遥感应用研究》[1]论文集，主要介绍了山西西部遥感调查研究成果和编制系列图件的方法。此项研究获 1994 年中国科学院科学技术进步三等奖。

北京师范大学部分教师参加的另一课题"黄土高原遥感应用技术"1991 年获得了农业部科技进步二等奖。

---

① 赵济，高起江，刘慧平，等. 晋西黄土高原地区遥感应用研究[C]. 北京：北京师范大学出版社．1993.

1.3　20 世纪 80 年代以来"中国自然地理"、"中国地理"教学研究会的学术会议考察

"中国自然地理"在新中国成立后一直是高校地理专业的基础课程之一,为加速全国高校"中国自然地理"课程的教学建设,提高教学水平,1980 年 5 月在南京师范学院(现南京师范大学)举行了全国高等院校"中国自然地理"教学研究会第一次会议。之后的 20 年间,"中国自然地理"教学研究会共举行了 12 次全国性会议、10 次专题性会议。到 2000 年,由于区域地理课程改革,该研究会在昆明的会议中成立(更名为)"中国地理"教学研究会。1980 年至今,赵济教授一直指导该教学研讨会的工作,并于 1988~1994 年担任教学研究会的理事长。

区域自然地理学的基本技能之一是野外考察,为了提高各地教师的区域综合野外考察能力,教学研究会每次全国性会议都根据会议所在地的区域特点及条件,组织专题性野外考察。教学研究会先后在南京、西安、乌鲁木齐、哈尔滨、南昌、成都、呼和浩特、福州、兰州、昆明、海口、忻州(山西)、海拉尔、贵阳等地举行会议,并就这些区域的问题组织野外考察和研讨,例如黄土高原的水土流失及其治理、海南岛热带自然资源的开发、干旱区域自然景观、松嫩平原和兴安山地自然地理特征及其开发利用、亚热带山地丘陵的整治和开发、川西山原自然景观及其利用、内蒙古准格尔煤田及锡林郭勒草原的开发、湄州湾和武夷山景观特色及其开发、呼伦贝尔草原的景观及开发利用、喀斯特地区的石漠化及其治理等。

这些考察,区域从北(黑龙江)到南(海南)、从东(福建)到西(新疆),覆盖了我国的典型景观类型代表区,比如黄土高原、四川盆地、云贵高原、内蒙古高原等。赵济教授多年一直坚持参加这些考察活动,与当地和参会的区域地理教师进行研讨,不仅丰富了同行的专业知识,而且提高了大家的野外工作能力,对提高教学质量产生了积极的影响。

2　野外考察的体会

2.1　野外考察是地学研究的基础

地理学研究的对象是地理环境,而野外考察是以地理环境为对象的实地调查和观测。首先,野外直接观测、探测、实验所获得的基本科学数据,是支撑地学研究的基础。其次,野外考察同时是发现新的问题、激发新的研究兴趣和方向的重要途径。因此,地理学的发展与野外考察是密不可分的。

地理学在经历了"数量革命"和"技术革命"之后,高新科技观测手段成为获取基础资料的又一有力途径,但是野外考察作为地理学基本研究方法和基础的地位仍旧没有改变。对遥感影像的精确判读,建立解译标志、验证判读精度和准确度,都有赖于对地面实况的详尽了解及科学认识。尤其是在微观尺度和中观尺度,野外考察变得更加重要,它可以更好地解决同谱异物、同物异谱的问题,可以更好地发现、解决地理问题。应该说,野外考察和遥感手段,都是地学研究重要的和主要的手段,它们是相辅相成的。

2.2　提高野外考察"看家本领"

野外考察需要掌握一定的方法和技能。首先,要进行地图分析。出野外之前要对地图进行预分析,结合遥感信息等了解考察区情况,选择考察路线,有意识去实地观察、验证,把相关地物、现象联系在一起。

野外考察的一些基本技能,比如辨识方向,进行草测,测高、测距,画草图、素描等,要在平时注意训练和培养。野外考察的时候,要根据目标预先准备一些便携式设备用于野外测量、采样,此外还要依靠自己的眼、舌、手、脚等,去获取大量的野外实地知识。

2.3　野外考察有助于教学水平提升和人才培养

野外考察、实践是提高地理课程教学水平的重要途径之一。野外调查可以直接提升对区域的感性认识，所掌握的丰富一手资料，可以为课堂增加生动的教学实例。而通过对多个区域的实地考察，就能通过增加区域差异的对比，认识区域特点，促进教师对区域地理理论与方法论的思考和学习，这有助于在教学中传授综合认识区域的方法、思路。随着课程改革的深入，应用性教学内容、实践性教学环节都有所增加，所以，教师要注重个人野外实践技能的提升，以承担指导学生野外综合实习、课题实践的具体任务。

调查实践工作对于人才培养的作用也很明显。通过野外考察和实践，不仅可以强化学生实地工作的方法和能力、科研兴趣，还可以培养学生的创新精神。地学专业野外考察是提高学生素质的重要手段之一，也是当前高等教育教学改革的重要内容。

致谢：诚恳地感谢王静爱教授、刘慧平教授提供的相关资料和指导。

Field Study Experiences of Professor Ji Zhao

Yun Su

School of Geography，Beijing Normal University，Beijing 100875

Key Laboratory of Regional Geography，Beijing Normal University，Beijing 100875

Abstract：Professor Zhao is famous for his rich fieldwork experience. He has traveled all provinces all over the country since 1950s and took part in the landscape group of Xinjiang Comprehensive Expedition Survey with Mr. Tingru Zhou during 1957~1959. He measured the Lop Nor，investigated and collected a lot of valuable information which provided the basis for determining non-Lop Nur "wandering lake". During the sixth Five-Year Plan and seventh Five-Year Plan period，Professor Ji Zhao carried out the remote sensing investigation of agricultural resources in Shanxi，grassland resources in Inner Mongolia and soil erosion in west Shanxi as one of the organizers，and eventually gained the National Science and Technology Progress Award and many other awards for the investigation results. Since 1980，Professor Ji Zhao has always been participating in teaching the course of China Physical Geography and National University Teaching Seminar of China Geography，and has been to more than a dozen areas to do fieldwork with a purpose to improve local geographers' teaching ability. Professor Ji Zhao often stresses that the fieldwork is the foundation for geographers，and more attention should be paid to learn methods and obtain skills. Field investigation and remote sensing and other new technologies are all important means for geography study. Remote sensing image interpretation can't be done well without the field investigation and geo-analysis. Fieldwork not only helps to improve teaching level of regional geography courses，but also contributes to personnel training and the improvement of comprehensive qualities.

Keywords：Field studies，Remote Sensing Analysis，Regional Geography Teaching

区域地理研究

中国西北干旱区土地退化与生态建设问题*

郑　度

中国科学院地理科学与资源研究所，北京　100101

摘要： 本文阐述了西北干旱区自然环境的基本特点，讨论了土地退化中土地沙漠化、土地盐渍化和草地退化问题。指出生态建设应当尊重自然，不宜大面积植树造林，采取生态修复措施和建立自然保护区有助于环境整治与生态建设。在区域发展中应当重视土地与水资源的合理开发利用以及区域间环境与发展协调等问题。

关键词： 西北干旱区；土地退化；生态建设

中国西北干旱区的开发历史悠久，在西部大开发战略部署下又受到社会各界的密切关注。本文从自然地理学角度阐述了西北干旱区自然环境的基本特征，并就环境与发展协调中的土地退化、生态建设以及区域发展中水土资源利用等问题进行了探讨。

1　西北干旱区自然环境的基本特征

西北干旱区是我国三大自然区之一，与东部季风区、青藏高原区是并列，且各具特色、分异明显。干旱区指气候干燥、降水较少的区域，由于蒸发（包括蒸腾在内）大于降水，而成为干旱缺水的地区。对于干湿程度不同所引起的自然界的地域分异，科学家们拟订了相应的气候指标来加以划分。通常用干燥度，即潜在蒸发对降水的比值，可以近似地代表一地的干湿程度。因为，降水代表水分的最主要来源，而潜在蒸发（即蒸发蒸腾的气候因素）则代表在土壤水分充足的条件下，矮秆作物或短草最主要的水分支出。干湿地区划分的主要依据应当是与干湿状况相关的植被、土壤等自然现象。在划分以后，与干燥度的分布作对比，选取如下比较接近的数值作为参考：湿润地区干燥度在 1.0 以下，半湿润地区与半干旱地区分界线附近干燥度在 1.5 左右，干旱地区干燥度则在 3.5 以上[1]。

虽然东部季风区和青藏高原区范围内也有一定面积的干旱地区和半干旱地区分布，但本文将仅限于在自然地理学家所划分的西北干旱区内来讨论土地退化与生态建设等问题。我国西北干旱区幅员辽阔，包括内蒙古东部半干旱地区的草原地带，内蒙古西部、宁夏、甘肃和新疆等省/区干旱地区的荒漠地带。我国西北干旱区的基本自然特征，大体可以按照半干旱地区和干旱地区分别表述如下[2]。

半干旱地区　降水量比可能蒸发的水分少，其差值较大。天然植被主要为干草原，土壤中多有钙积层，有机质含量低，可给性矿质养分较少，在排水不良地方，盐渍化迅速。在没有灌溉的条件下，可以耕种，但生产很不稳定，如没有适当措施，风力侵蚀土壤亦将引起地

＊ 本文原载《自然杂志》2007 年 29 卷 1 期 7～11 页。

作者简介：郑度（1936—　）男，中国科学院院士。中国科学院地理科学与资源研究所研究员、所学位委员会主任，中国科学院山地灾害与地表过程重点实验室学术委员会主任，中国科学院沙漠与沙漠化重点实验室学术委员会主任等职务。长期从事自然地理的综合研究。

力逐渐衰退。各年降水量变化大，常有旱患，往往成灾。受地方因素作用，部分海拔较高的山地、阴坡或水分条件较好的地方，也可以有灌丛或森林生长。

干旱地区 降水量比可能蒸发的水分少，而且两者差值很大。除地方性因素所造成的特殊情况外，天然植被为半荒漠与荒漠，土壤呈石灰性，有机质含量低，可给性矿质养分少。在排水不良地方，盐渍化很迅速。除非采取特殊措施(如甘肃的砂田)，无灌溉即不能耕种。但在某些水分稍好的山前地域，无灌溉亦能耕种，由于各年降水量变化大，其生产情况反而比半干旱地区更差一些。

了解西北干旱区上述干湿程度的区域差异是很必要的，人们可以根据不同区域的具体自然条件来拟订退化土地综合整治和生态建设的对策与措施，为规划土地与水资源的合理开发利用提供科学的宏观区域框架。

2 土地退化问题

土地退化指由于人类不合理利用土地及气候变化等自然因素发生逆变，或两者共同作用，导致土地质量降低，土地生产潜力衰减或丧失的过程及结果。在干旱、半干旱地区土地退化的主要类型有：风力吹蚀作用形成的土地沙漠化(沙质荒漠化)，排水不良蒸发强烈形成的土地盐渍化，人类过度垦殖、超载过牧引起的草地退化等。它们的形成与演化过程不一，其整治战略和措施也迥然有别。强烈的土地退化加剧了人口、土地与粮食的矛盾，造成了社会、经济与生态方面的严重后果，成为影响生产持续发展和人民生活水平提高的重要制约因素。为了维持人类社会的生存空间，必须采取有效措施，防止土地进一步退化，使退化土地得以恢复，以充分发挥其生产潜力，促进区域的可持续发展。

2.1 沙漠化土地的分布

土地沙漠化是西北干旱区突出的环境问题，它指在干旱、半干旱地区脆弱的自然环境背景下，过度的人类活动导致生态失衡，造成类似沙漠景观的土地退化，出现土地沙漠化过程或沙漠化影响的土地。沙漠化过程大体包括沙地(丘)活化、草原灌丛沙漠化、土壤风蚀粗化以及土地的不均匀切割四种过程。在西北干旱区东部半干旱地区的草原地带，沙漠化土地多为成片分布；在西部干旱地区的荒漠地带，沙漠化土地则集中分布于沙漠绿洲的边缘，它们连接起来呈裙带状镶嵌在沙漠的外围[3]。

我国干旱、半干旱区沙漠化(风沙化)土地分别为 10.3×10^4 km² 和 21.8×10^4 km²，占全国沙漠化土地的 27.8% 和 58.8%[4]。据统计，2000 年我国北方有沙漠化土地 38.57×10^4 km²，其中：轻度沙漠化土地 13.95×10^4 km²，中度沙漠化土地 9.98×10^4 km²，重度沙漠化土地 7.91×10^4 km²，严重沙漠化土地 6.75×10^4 km²，分别占 36.1%，25.9%，20.5% 和 17.5%。与 20 世纪 80 年代中后期监测结果相比，轻度沙漠化比例减少，中度沙漠化比例基本稳定，重度沙漠化比例增加[3]。这与沙漠化土地发展规律以及"先易后难"的治理结果是大体相符的。

2.2 土地盐渍化

土地盐渍化又称盐碱化，指盐分在土壤中积聚，形成盐渍化土壤或盐渍土的过程。土地盐渍化现象主要发生于干旱、半干旱地区，由于地面蒸发作用较大，地下水的矿化度高，使底层土和地下水中所含的盐分随着土壤毛细管水上升并积聚于表土。在不合理的耕作灌溉条件下，易溶盐类在表土积聚，也能引起土壤盐渍化，这被称为土地次生盐渍化。

据统计，新疆耕地次生盐渍化最严重，共 126.39×10⁴ hm²，占耕地面积 30.58％；内蒙古次之，为 179.76×10⁴ hm²，占耕地面积 23.8％[4]。内蒙古后套灌区耕地从 1950 年的 19.5×10⁴ hm² 增至 1973 年的 37×10⁴ hm²，而灌溉面积中的盐碱地由 3×10⁴ hm² 增加至 21.1×10⁴ hm²，占耕地面积的 57％[5]。新疆后备耕地资源中盐渍化土地 556.16×10⁴ hm²，占耕地面积的 58.49％，居各省区之首。甘肃、宁夏、内蒙古后备耕地资源中盐渍化土地面积分别占 40.28％、22.79％和 9.46％。1990 年以后开垦的部分荒地，仅新疆就增加耕地面积 39.4×10⁴ hm²，甘肃、宁夏等新垦灌区，灌溉后引起地下水位升高，导致新增耕地绝大部分都有不同程度的次生盐渍化[4]。盐渍化土壤与盐渍土的改良一般考虑流域治理与综合治理，并注重改土和治水相结合、排水与灌溉相结合的基本原则。总之，对西北干旱区而言，无论是提高当前土地利用率和耕地单产，还是将来扩大可耕地面积，土地盐渍化始终是非常重要的制约因素。

2.3　草地退化及其原因

在干旱、风沙、盐碱等不利自然因素的影响下，或在过度放牧、滥割、滥挖草地植物等不合理利用的情况下，引起草地牧草生物产量降低，品质下降、草地环境恶化、草地利用性能降低，甚至逐渐失去利用价值的过程被称为草地退化。我国西部分布着 5 大牧场，天然草地面积 33 144×10⁴ hm²，占西部地区总面积的 48.2％。甘肃、新疆、内蒙古退化草地面积变化于 42％～87％之间。与 20 世纪 80 年代中期相比，退化草地面积正在扩大。以内蒙古为例，20 世纪 70 年代末退化草地面积 21.34×10⁴ hm²，占可利用草地面积的 36％，而 1995 年达 38.70×10⁴ hm²，占可利用草地面积的 60％。15 年间退化草地面积增加了 17.36×10⁴ hm²，平均每年扩大 1.16×10⁴ hm²，即可利用草地面积每年以 1.9％的速度退化。

人类活动与气候变化是导致草地退化的重要原因。大量调查研究表明，近 30 年大面积草地退化主要是由于人类不合理的活动所致，超载过牧、草畜供需失衡是主要矛盾，也有盲目开垦、滥樵乱采、工矿开发等的负面影响[5]。不合理的政策导向也是草地退化的重要原因。据统计，从 1991 年到 1995 年，政府用于草原牧区的建设费用每年约 1 亿元，每公顷可利用草地仅 0.45 元[6]。长期以来重视草地作为畜牧业基地的生产功能，轻视其生态功能，致使对草地的投入很少，草地生态系统的产出多于投入。

3　生态建设应尊重自然

在我国西北干旱区的发展战略中，生态建设是重要的内涵。陆地表层上主要生态系统类型的分布取决于温度水分条件的组合，形成受自然地带规律制约的空间格局。现按照尊重自然的原则讨论生态建设中有关植树造林、生态修复和自然保护区建设等问题。

3.1　植树造林与"绿化工程"

长期以来，普遍存在着"绿化"就是植树造林、生态建设就是植树造林的片面认识。这主要是由于人们对自然地带规律缺乏了解所致。通常在受季风作用影响的我国东部湿润和半湿润地区，温度水分条件好，有天然森林分布，可以植树造林。在半干旱、干旱地区则仅在山地的适宜部位有森林分布，局部地段可以植树，但大面积造林则不合适。有学者提出以森林覆被率作为我国各个区域可持续发展的共同指标之一，这是值得商榷的。以我国西北干旱区为例，适宜森林生长分布的区域有限，目前一些省区的森林覆被率多在 5％以下。如果要求这些省区大面积植树造林，以达到对东部湿润、半湿润地区同样要求的森林覆被率指标，是不符合自然地带规律的。因此，半干旱、干旱气候下各省区环境与发展的协调应当因地制宜，既不应背上森林覆被率低的包袱，也不应片面追求不切实际的造林指标[7]。

然而，在西北干旱区仍可以看到引水灌溉植树建造机场高速公路的"绿化带"，或在部分高速公路两侧山丘沿等高线挖坑种植灌木，进行喷灌以营造"绿化工程"，但结果是事与愿违，既不见林带，又破坏了原已十分脆弱的地表植被和土壤。有关部门甚至提出要在乌鲁木齐市郊拍卖荒漠山丘土地，以承包方式实施"植树绿化"的计划。在我国西北干旱区绿洲边缘虽然可以适当地营建小规模的农田防护林，但是不宜大面积造林，更不应过分渲染、夸大防护林的作用。有学者根据干旱、半干旱区自然地带特点，提出应当重新审视三北防护林建设问题[8]。因为在西北干旱、半干旱区大规模营造防护林，既无助于防患沙尘暴，也不符合水资源短缺的客观实际，还存在许多需要改进的问题[5]。三北防护林建设项目区域范围总面积达 394.5×10^4 km²，其中荒漠占 55％，草原和荒漠草原占 20％。在这样的自然条件下大规模造林，完全违背客观的自然地带规律[9]。对于重大的改造大自然的计划或工程，必须开展动态监测，不断地总结成功经验，吸取失败教训，及时加以修正和改进。否则就会像马克思引比·特雷莫的名言所说："不以伟大的自然规律为依据的人类计划，只会带来灾难"。

3.2   生态修复与封育管理

据沙坡头定位站的试验研究表明，在流动沙丘沙表层的结皮形成后，将导致降水在沙地中的分配浅层化，这是人工植被中柠条（*Caragana korshinskii*）衰退，而浅根的油蒿（*Artemisia ordosica*）得以生存的主要原因之一[10]。在腾格里沙漠南缘，多年平均降水量仅 175 mm、地下水埋深 67 m 的甘肃古浪县东北部荒漠植被演替的观测研究也表明，土壤生物结皮引起土壤水分的浅层化，导致花棒（*Hedysarum scoparium*）、柠条、沙蒿（*Artemisia sphaerocephala*）等深根植物逐渐衰退，而形成以油蒿为单一优势种的荒漠植被。可见，坚持封育保护，禁止放牧、砍柴等人为破坏活动，可以保护土壤生物结皮，从而实现防风固沙的目标[11]。

因此，沙漠化整治的目标不应是片面追求植被覆盖度的不断增加。许多研究表明，通过对现有植被的封护管理，减少和避免人类扰动，可以使退化植被自然更新与恢复，促进沙漠草、灌自然植物发育，从而可减低区域内流沙活动，防止造成新的破坏和沙漠化土地的蔓延，对沙区的可持续发展有重要作用[12]。我国的沙漠化有明显的地带性特点，干旱区荒漠植被对极端生境的适应性强，一旦遭到破坏，其生态的自我修复能力也就受到限制。所以沙漠化治理的基本原则是对现有的植被加以保护，充分利用生态系统自我调节和自我修复的功能[13]。

3.3   自然保护区建设与作用

沙漠作为大自然的产物有其形成、演化和发展的自然规律。20 世纪 50 年代以来，对西北干旱区开发的成功经验与失败教训值得认真总结与吸取。例如，在准噶尔盆地位于天山北麓冲积平原的莫索湾地区，原有天然植被较好，由于不合理的大规模垦殖，强度樵采薪柴和过度放牧，导致沙丘活化严重。虽然采取的防治沙漠化的措施，如建立乔灌木防护林带保护农田、恢复沙丘天然植被等，也取得一些成效，但大多为消极被动的亡羊补牢之举。

准噶尔盆地有较多的降水，是温带荒漠中生物多样性最为丰富的区域之一，也是温带干旱区重要的基因宝库。古尔班通古特沙漠以固定、半固定沙丘为主，有大面积的白梭梭（*Haloxylon persicum*）和梭梭（*H. ammodendron*）林生长，还有独特的春季短命植物，在我国干旱区中独具一格。虽然受人类不合理活动的影响，原有植被遭到破坏，但只要采取适当的封育措施，将能较快地恢复演替为相应的顶级群落。建议加强对整个古尔班通古特沙漠的自然保护，划定有特别价值的地区建立自然保护区或国家荒漠公园[5]。

横贯新疆中部的天山在西北干旱区中有着特殊的地位，目前有各类自然保护区 15 个，总面积达 10 438 km²。它们除在保护天山的珍稀动植物及生态系统方面具有特别重要的价值外，在保护天山原始的自然生态系统与环境，如冰川、地貌、森林、草原及其水源涵养能力，以及水土保持、调节气候等方面都有重要作用[14]。无论是山地、盆地还是沙漠等多处自然保护区在保护干旱区自然环境和各族人民的家园方面都有着不可替代的作用。

4　土地与水资源的开发利用

环境整治和生态建设与区域可持续发展有着密切的关系。干旱区在区域发展中涉及土地与水资源的合理开发利用以及区域间环境与发展协调等问题。

4.1　土地资源的垦殖利用

在 20 世纪 50～60 年代，西北干旱区的开发多以土地资源的垦殖利用为主。农垦在当时起到积极的作用并取得明显的成绩，然而大面积垦殖对环境所产生的负面效应也很突出。人工绿洲的建立和扩大有很大一部分是以破坏荒漠林为代价的。以新疆为例，从 1949～1979 年的 30 年间共垦荒 346.67×10⁴ hm²，其中有 38.5% 为荒漠的乔、灌木林。从 1950 年至 1998 年，新疆累计垦荒 392.8×10⁴ hm²，加上原有耕地，应有耕地面积 513.8×10⁴ hm²。而 1998 年实有耕地 331×10⁴ hm²，丧失耕地面积 182.8×10⁴ hm²，丧失率达 35.6%。如按新垦荒地计算，丧失率则高达 46.5%，其中除少数为建设占用外，绝大部分再次返荒[15]。可见，西北干旱区虽然地域广阔，但适宜农耕的土地大多已经开垦利用。何况后备耕地资源中，盐渍化土地面积所占比例很高。今后应以提高现有农田的产出为主，而不应盲目开荒垦殖扩大耕地面积。近年新疆有关部门提出垦殖千万亩以上荒地的计划，并且部分已经启动实施，引起人们的关注和担忧。

4.2　水资源开发利用问题

与世界其他荒漠区相比，我国西北干旱区得天独厚。一系列高山上发育着许多山地冰川，为荒漠绿洲的发展提供重要的水源。目前主要问题是水资源利用不充分、管理不善、效率低下且浪费很大。水是干旱区十分紧缺的资源，在节约田间灌溉用水方面，需要结合当地条件做切实的科学试验，研制出适宜于干旱区应用的技术手段。地膜覆盖农业在干旱区的发展前景很大，在薄膜塑料覆盖下，既能获得充足的光合有效辐射能，消除日温变化大的缺点，又可以节约水的消耗，将有利于扩展各种植物生长。当然也应研究立地条件改变后，对土壤、土壤动物和土壤微生物的影响[16]。当前北疆山麓平原绿洲地下水超采开发，地下水水位急剧下降，严重威胁着该地区绿洲的生态安全与可持续发展。

有人从湿润地区的角度出发，认为调水到西北干旱区是开发和整治的必要前提。他们以为只要有充足的水，沙漠、戈壁都可以变良田，粮食、棉花、水果都是优质品。于是有人提出"东水西调，彻底改造北方沙漠"的设想，也有人主张从雅鲁藏布江调水 400×10⁸ m³ 到新疆，认为完全具备了相应的科学技术能力。然而他们却不知道干旱区的问题不是调水能解决的，客观存在的自然地带性规律是不以人们的意志为转移的。在干旱区内的跨流域引水工程计划需要十分谨慎，应当以服务城市和工矿用水为主要目标，而不宜调水用于垦殖发展农业，否则将破坏天然植被，加重土壤次生盐渍化。无论从自然条件看，还是从社会经济发展角度出发，为开发西北干旱区而进行大规模的、远距离跨流域调水的设想，都存在可行性、市场需求、投资效益等诸多问题，需要慎重分析，决不可轻率决策[7]。

4.3 石羊河下游绿洲的危机

自然界是有机的整体，区际彼此联系、相互制约，上下游之间的作用与影响更为突出。石羊河下游的民勤绿洲，开发历史悠久。至 20 世纪上半叶，风沙压埋土地 1.74×10^4 hm²，土地沙漠化严重。20 世纪 50 年代末～80 年代初，通过采取一系列生物与工程措施相结合的办法，开展大规模的沙漠化整治，围绕绿洲基本建成了林、灌、草相结合的防风固沙体系，保证了绿洲人民的生产和生活安全[17]。因此，民勤成为当时著名的治沙先进县，约有 30 年未发生过大的沙丘迁移及沙埋庄园的事件。但其成功经验和有效措施存在一定的局限性，需要分析其适用的区域范围和具体的自然条件，还应对整治的过程与动态演化进行监测，预测其未来的发展趋势，不断加以总结和提高。

20 世纪 50 年代以来民勤绿洲曾经建成以沙枣林为主的防护林体系，并大面积加以推广。截至 1991 年，累计营造沙枣林 1.7×10^4 hm²，灌木林 2.7×10^4 hm²。由于地下水水位迅速下降，导致严重衰退，0.6×10^4 hm² 沙枣林成片死亡，0.6×10^4 hm² 枯梢，0.8×10^4 hm² 人工灌木林死亡[18]。可见在干旱荒漠区的绿洲，防护林带的营造不宜片面追求林地覆被面积的比例，而应适度安排。否则，区域地下水水位急剧下降，不仅影响农牧业生产的发展，所营造的林带也将衰败而失去作用，使沙漠化卷土重来。

石羊河流域水资源利用缺乏长远规划和统一管理，中游武威盆地的开发规模大、用水量多，导致下游水资源匮缺、耕地撂荒、流域的环境平衡失调。进入民勤绿洲的径流量从 20 世纪 50 年代的每年 5.88×10^8 m³，减少至 21 世纪初的每年 1.1×10^8 m³。由于人口增长导致资源环境的压力加大，从 1987 年到 2001 年，民勤绿洲耕地的毛面积净增加 2.75×10^4 hm²，而水资源浪费严重，普遍采用漫灌、串灌等方式，灌溉定额高达 10 050 m³/hm²，水资源利用效率平均为（生产粮食）0.49 kg/m³[19]。为保证灌溉，民勤绿洲从 20 世纪 70 年代中期以来，每年超采地下水 2.4×10^8 m³，到 90 年代初累计超采 36.3×10^8 m³，地下水位区域性下降了 4～17 m，形成总面积近 1 000 km² 的三个降落漏斗，漏斗中心水位每年下降 0.6～1.0 m[20]。由于地下水位下降，水质矿化度增高，造成盐碱地扩展、植被衰败、沙丘活化的严重后果。如不及早加以调控，石羊河下游生态与环境恶化的前景不堪设想。

民勤绿洲是遏制腾格里沙漠和巴丹吉林沙漠南侵、保卫武威绿洲的外围屏障，民勤绿洲的沙漠化，必然使武威绿洲唇亡齿寒[21]。对石羊河流域沙漠化土地分布状况的分析表明，由区域经济发展不平衡导致的区域间资源分配的不合理，是下游地区沙漠化的根本原因，而中游地区的环境退化又是下游地区沙漠化的必然结果[22]。可见，作为整体的流域，无论是发展还是环境都需要上下游兼顾、统筹安排，要将沙漠化的综合整治、生态建设和区域发展结合起来，处理好流域内上下游地区资源、环境和发展的协调。

5 结语

我国西北干旱区的开发是一个长期的过程，面对干旱区复杂而脆弱的自然环境，如何处理好人与自然的关系是非常重要的。干旱区的土地退化问题主要为土地沙漠化、土地盐渍化和草地退化。在生态建设中应当尊重自然，不宜大面积植树造林、片面追求森林覆被率的提高。采取生态修复和建立自然保护区等措施有助于环境整治与生态建设。在区域发展中应当重视土地与水资源的合理开发利用以及区域间环境与发展的协调等问题。

参考文献

[1] 黄秉维. 中国综合自然区划纲要[M]//中国科学院地理研究所. 地理集刊(自然区划方法论)·第21号. 北京:科学出版社,1989:129.

[2] 黄秉维. 中国综合自然区划图[M]//《黄秉维文集》编辑组. 地理学综合研究——黄秉维文集. 北京:科学出版社,2003:320~324.

[3] 王涛. 中国沙漠与沙漠化[M]. 石家庄:河北科学技术出版社,2003:142~161.

[4] 王绍武,董光荣. 中国西部环境特征及其演变[M]. 北京:科学出版社,2002:104~144.

[5] 王苏民,林而达,佘之祥. 环境演变对中国西部发展的影响及对策[M]. 北京:科学出版社,2002:54~86,181~182.

[6] 李博. 中国北方草地退化及其防治对策[J]. 中国农业科学,1997,30(6):1~9.

[7] 郑度. 西部开发中的生态与环境建设问题[M]//中国地理学会自然地理专业委员会. 全球变化区域响应研究. 北京:人民教育出版社,2000:67~76.

[8] 伍光和,潘晓玲. 西北地区土地利用/土地覆被若干理论与实践问题的思考[M]//中国地理学会自然地理专业委员会. 土地覆被变化及其环境效应. 北京:星球地图出版社,2002:16~21.

[9] 陈宜瑜. 气候与环境变化的影响与适应、减缓对策[M]. 北京:科学出版社,2005:315~320.

[10] 冯金朝. 沙区人工植被的耗水特征与水量平衡[M]//中国科学院沙坡头沙漠试验研究站. 沙漠生态系统研究. 兰州:甘肃科学技术出版社,1995:143~148.

[11] 王继和,马全林,刘虎俊,等. 干旱区沙漠化土地逆转植被的防风固沙效益研究[J]. 中国沙漠,2006,26(6):903~909.

[12] 满多清,吴春荣,徐先英,等. 腾格里沙漠东南缘荒漠植被月变化特征及生态修复[J]. 中国沙漠,2005,25(1):140~144.

[13] 马立鹏,罗万银,王瑜林. 甘肃省沙漠化土地封禁保护区建设研究[J]. 中国沙漠,2005,25(4):592~598.

[14] 胡汝骥. 中国天山自然地理[M]. 北京:中国环境科学出版社,2004:420~430.

[15] 陈亚宁. 干旱荒漠区生态产业建设理论与实践[M]. 北京:科学出版社,2004:19~25,41~48.

[16] 黄秉维. 关于西北干旱区农业可持续发展问题[M]//《黄秉维文集》编辑组. 地理学综合研究——黄秉维文集. 北京:科学出版社,2003:388~391.

[17] 高志海,魏怀东,丁峰. 民勤绿洲的荒漠化过程及其驱动模式[J]. 中国沙漠,2004,24(增刊):20~24.

[18] 沈大军,崔丽娟,姜素梅. 石羊河流域水资源问题的制度原因及对策[J]. 自然资源学报,2005,20(2):293~299.

[19] 纪永福. 甘肃河西生态环境建设的思路和对策[J]. 中国沙漠,2004,24(增刊):45~49.

[20] 袁生禄. 石羊河流域水资源大规模开发对生态环境的影响[J]. 旱区资源与环境,1991,5(3):44~52.

[21] 冯绳武. 石羊河下游民勤绿洲的沙漠化问题[M]//冯绳武. 区域地理论文集. 兰州:甘肃教育出版社,1992:74~81.

[22] 薛娴,王涛,姚正毅,等. 从石羊河流域沙漠化土地分布看区域协调发展[J]. 中国沙漠,2005,25(5):682~688.

Issues on Land Degradation and Eco-reconstruction
in Northwest Arid Region of China

Du Zheng

Institute of Geographic Sciences and Natural Resources Research，CAS，Beijing 100101

Abstract：The physico-geographical features，issues of land degradation，eco-reconstruction，utilization of water and land resources，as well as regional development in Northwest Arid Region of China are dealt with in the present paper. Main types of land degradation include sandy desertification，secondary salinization and grassland degradation. As concern eco-reconstruction human being should respect for nature，for example，tree planting and afforestation in a large scale are not suitable，to conducting measures such as eco-restoration and natural conservation are useful for environmental management. From the point of view of regional development，more attention should be paid to rational utilization and exploitation of water and land resources，as well as coordination and overall planning in development between various regions.

Keywords：Northwest arid Region，Land Degradation，Eco-reconstruction

东北地区旅游业发展规划*

"东北地区旅游业发展规划"课题组

摘要：本规划在分析东北地区旅游业发展所面临的形势及其资源优势的基础上，提出东北地区旅游业在新时期的战略定位、发展目标和重点任务；通过建设旅游产品体系、规划旅游空间发展格局、实施旅游市场开发策略、完善旅游公共服务体系、加强区域旅游合作等途径，发挥旅游业对资源型城市转型的促进作用，实现区域旅游一体化，推动旅游业成为东北老工业基地全面振兴的重要支柱产业。

关键词：东北地区；旅游业；发展规划

为深入贯彻落实东北地区等老工业基地振兴战略，加快发展东北地区旅游业，根据《国务院关于进一步实施东北地区等老工业基地振兴战略的若干意见》(国发[2009]33号)、《国务院关于加快发展旅游业的若干意见》和国家相关规划，编制本规划。

本规划重在确立东北地区旅游业在新时期的战略定位、发展目标和重点任务，统筹区域旅游业协调发展，促进区域旅游一体化，推动旅游业成为东北老工业基地全面振兴的重要支柱产业。

规划范围：辽宁省，吉林省，黑龙江省和内蒙古自治区的呼伦贝尔市、兴安盟、通辽市、赤峰市和锡林郭勒盟(蒙东地区)，土地总面积约 145×10^4 km²。

规划期为 2009～2015 年，重大问题展望到 2020 年。

1　面临的形势

旅游业是资源消耗低、带动作用大、就业机会多、综合效益好的重要产业，对国民经济和社会发展的作用日益重要。我国正进入大众化旅游的新阶段，从现在起到 2015 年，是我国旅游业优化产业结构、转变发展方式、提升发展质量和水平的关键时期。随着我国旅游业更深程度融入全球化发展格局和我国全面建设小康社会的加速推进，旅游需求将大幅增长，全国旅游业增加值预计占国内生产总值的 4.5％左右，旅游业就业占全社会就业总量的 5％以上。宏观经济形势为东北地区旅游业提供了难得的发展机遇。

东北地区具有发展旅游业的得天独厚的优势：①旅游资源丰富。东北几乎囊括了 8 大类、33 个亚类和 155 种基本类型旅游资源的全部，大森林、大草原、大湿地、大冰雪、大工业、大农业旅游资源在全国独具特色；②生态环境优越。东北地域辽阔，跨越环渤海和北部极地区，生态类型多样，环境质量良好，具备生态旅游和避暑旅游的极佳条件；③区位优势明显。东北地处东北亚地区的核心，与俄罗斯、朝鲜、蒙古、韩国、日本毗邻，是连接东北亚与欧洲的重要通道，边境口岸和城市众多，界江界河魅力独特，跨境旅游和边境风光游潜力巨大；④文化特色鲜明。东北地区少数民族众多，保留了独特的民族民俗文化，同时在人类社会发展的长河中积淀了大量的历史文化遗存，在近现代争取民族独立和人民解放斗争中留下了宝贵的红色旅游资源。

---

* 国家旅游局课题，由北京师范大学宋金平教授主持。

东北地区旅游业正在进入快速发展阶段。东北地区等老工业基地振兴战略实施以来，东北旅游总收入增长速度连续五年超过全国平均水平。旅游资源进入深度开发阶段，冰雪旅游、边境旅游、草原和森林生态旅游品牌的知名度不断提高，红色旅游、工农业等专项旅游快速发展。旅游业发展对东北地区老工业基地优化经济结构、促进就业、扩大开放等也发挥了重要作用。

东北地区旅游业整体水平亟待提高。东北旅游经济总量偏小，产业带动作用不强，资源优势发挥不充分，旅游品牌效应不明显，公共服务体系不健全，基础设施不完备，商业服务质量水平不高，经营管理比较粗放，区域旅游合作不密切，体制机制创新不够。对这些问题，必须通过规划加以引导，采取有力措施加以解决。

2 指导思想和发展目标

2.1 指导思想

以邓小平理论和"三个代表"重要思想为指导，深入贯彻落实科学发展观，深化改革开放，增强旅游业发展活力，整合开发旅游资源，培育优势旅游产品，推进重点城市、轴线和节点建设，优化区域旅游空间结构，加强旅游基础设施建设，提高公共服务水平，创新区域合作机制，加快旅游一体化进程，着力提高旅游业在东北老工业基地振兴中的产业地位，充分发挥旅游业在促进经济、社会、文化、生态协调发展方面的重要作用，加快旅游业发展方式转变，推动旅游业又好又快发展。

2.2 发展策略

创新驱动。创新体制机制，加快旅游业的市场化改革，增强发展活力；创新旅游产品，促进资源优势向市场优势、产业优势转化；创新发展模式，构建政府、企业、市场互利共赢、良性互动的发展格局。

集中突破。集中力量开发优势资源，加大宣传营销力度，突破旅游公共服务、基础设施等制约瓶颈，提升服务水平，打造东北特色旅游品牌。

协同发展。加强各省市间在旅游资源开发、产品体系建设、市场营销推广、基础设施建设等方面的合作，消除行政壁垒和市场分割，促进东北区域旅游一体化发展，加强城市与旅游、文化与旅游、旅游上下游产业的一体化发展。

助推资源型城市转型。充分发挥旅游业的独特作用，加大支持力度，将旅游业打造成资源型城市的重要接续和替代产业，推动其经济转型和可持续发展。

2.3 发展目标

经过十年左右的努力，将东北地区建设成为世界知名的冰雪休闲度假、中温带生态旅游区，东北亚著名的历史文化、商务会展旅游区，国内一流的生态、冰雪、避暑、边境、文化旅游胜地，形成特色鲜明、吸引力强的国际国内旅游目的地。使旅游业发展成为东北老工业基地产业结构调整的先导产业、现代服务业的主导产业，促进资源型城市转型的重要产业，实现老工业基地全面振兴的新兴支柱产业。

到 2015 年，东北地区旅游业要实现以下主要目标。

(1)旅游经济持续快速发展。实现旅游总收入、旅游总人数比 2008 年翻一番以上，旅游业增加值占地区生产总值的比重进一步提高。

(2)旅游产品体系进一步优化。提升优秀旅游城市和重点景区品质，建设 4 个国际一流的冰雪旅游休闲目的地，塑造 10 大国内著名的生态旅游品牌，形成一批特色鲜明的边境旅游、文化旅游、滨海旅游、专项旅游产品，丰富旅游产品供给，满足个性化、多样化、文化化的大众旅游需求。

(3)旅游空间发展格局更加协调。以优质资源为核心、中心城市为枢纽，构建旅游区合理分工、旅游轴以线串珠、旅游要素有效组合的空间组织结构。

(4)旅游公共服务设施明显改善。旅游交通设施进一步完善，重点景区接待能力显著提高，旅游服务中心规模和覆盖面不断扩大，质量安全保障体系进一步健全。

(5)体制机制创新取得突破性进展。旅游业发展机制不断完善，市场化、国际化水平显著提高。区域旅游合作进一步加强，东北无障碍旅游区基本形成。

表 1　东北地区旅游发展主要指标
Tab. 1　Main indexes of tourism in Northeast Area

经济指标	2008 年	2015 年	年均增长率
旅游总收入(亿元)	3 422.62	8 560	14%
旅游总人数(亿人次)	3.52	8	13%
入境旅游人数(万人次)	659.28	1 370	11%
旅游外汇收入(亿美元)	30.94	70	12%

注：2008 年数据源于各省、盟市 2008 年统计公报。

3　旅游产品体系

以大众旅游为重点，个性化、多样化、文化化为目标，遵循突出优势资源、体现季节互补、建设旅游精品的原则，构建具有可持续竞争力的旅游产品体系。着力打造几个东北特色旅游品牌，即冰雪旅游、生态避暑旅游、边境旅游、工业旅游。

3.1　形成具有国际竞争力的冰雪旅游产品

结合地域特色，实现错位有序发展，按照国际标准规划开发冰雪旅游产品。完善促进滑雪产业发展的政策措施，推动实施全民滑雪计划，建立与国际接轨的产业管理体制和运行机制。重点发展滑雪旅游优势地区，优先提升重点滑雪场层次水平，着力拓展景区冰雪以外的功能体系。突出冰雪城市形象设计，将冰雪旅游项目与城镇建设相融合，加强地域旅游功能建设。提高东北地区冰雪旅游的整体竞争力，建设世界一流的冰雪休闲度假目的地。

哈尔滨冰雪文化旅游目的地。重点发展冰灯、冰雕、雪雕等冰雪文化旅游精品，进一步丰富"哈尔滨国际冰雪节"的内涵，充分发挥其品牌效应和带动作用。打造以亚布力滑雪度假区为主的滑雪旅游度假景区体系，发挥其竞技和旅游功能，巩固其在国内滑雪市场的龙头地位，不断扩大其在国际上的影响力和号召力。

长春—吉林冰雪运动休闲旅游目的地。完善北大湖的基础设施与服务设施建设，扩大冰雪运动基地规模、提升层次，发展与自然风光结合的冰雪观光项目。多措并举，提高"净月潭瓦萨国际滑雪节"的国际知名度，发展面向普通游客和市民的冰雪休闲旅游产品。依托莲花山竞技滑雪场，开发面向专业人士和高端游客的冰雪运动产品。

长白山冰雪休闲竞技旅游目的地。扩大野雪滑雪体验与观光的影响力，结合温泉休闲、文化旅游产品开发，将长白山打造成"亚洲的阿尔卑斯山"。

阿尔山—柴河新兴滑雪度假旅游目的地。充分发挥草原、林海、雪山、天池和温泉共存的优势，发展滑雪度假、温泉养生和专项训练为一体的综合旅游目的地。

都市休闲型滑雪产品集群。在城市及周边公园内发展附属游乐滑雪项目，培育发展都市休闲产业。

景区依附型滑雪产品集群。依托景区各种特色风景，发展与都市休闲型滑雪产品相错位的旅游形式。

3.2 塑造国内著名的生态旅游品牌

着力发展以大草原、大森林、大湿地为代表的东北地区生态旅游产品，打造呼伦贝尔、锡林郭勒、科尔沁三大草原生态旅游目的地，大小兴安岭、长白山、辽东山地三大森林生态旅游目的地，三江、松嫩、辽河下游三大平原湿地生态旅游目的地；培育长白山、大小兴安岭、北国鹤乡、林海雪原、北大荒、五大连池、呼伦贝尔草原、锡林郭勒草原、辽东山水、盘锦湿地十大生态旅游品牌。围绕上述生态旅游目的地和生态旅游品牌，重点建设一批生态避暑度假旅游城市。

3.3 开发特色鲜明的边境旅游产品

加强与邻国的旅游合作，改善通关条件，简化出入境手续。积极组织与俄罗斯、朝鲜、蒙古三国通过陆路的进出境旅游，开辟与俄罗斯、韩国、日本通过海路的跨国旅游。加大满洲里、额尔古纳、黑河、绥芬河、同江、二连浩特、丹东、图们等边境口岸城市的旅游基础设施与服务设施的建设力度，促进漠河、抚远、珲春、集安等具有特殊地理意义和边境风情的旅游小城镇建设。大力开发额尔古纳河、黑龙江、乌苏里江、图们江、兴凯湖、鸭绿江等界江界河（湖）旅游，开展探险、科考、游船观光、渔猎、红色旅游、民族风情等多样化的旅游活动。

3.4 打造东北特色文化旅游产品

积极扶持高品质民族与民俗风情旅游产品建设，深入挖掘蒙古族、满族、朝鲜族等的民族文化内涵，保护性开发鄂温克族、鄂伦春族、达斡尔族、赫哲族等的民族文化，发展特色鲜明的民族旅游产品。整合现有演艺资源，创新演出形式，加强节目创意，突出地域文化特色，不断提升"二人转"等东北地区特色民间艺术的品质和品牌，打造优秀旅游演出节目，培育大型演艺集团。利用非物质文化遗产资源优势，积极发展文化观光、文化体验、文化休闲等多种形式的文化旅游产品。依托侏罗纪古生物化石、红山文化、夫余国、高句丽国、渤海国以及辽、金、元、清时期遗址，开发历史文化遗迹旅游线路。深度开发抗联、解放战争、抗美援朝等红色旅游主题，打造东北抗联纪念馆、"第二次世界大战"终结地、九一八纪念馆、辽沈战役纪念馆、内蒙古自治区民族解放纪念馆、抗美援朝纪念馆等东北红色旅游精品。扶持开发重化工业史迹、北大荒拓荒史迹、电影发展史迹等"共和国史迹游"产品。推进优秀旅游城市旅游文化名街、名镇和文化旅游示范县建设，打造文化旅游特色产业聚集区。

3.5 提升传统滨海旅游产品

提升滨海旅游城市和旅游区的旅游环境和服务设施标准，形成高端度假和大众观光相结合的多元化产品体系和分工明确的空间格局。进一步强化"浪漫之都·时尚大连"的品牌优势，促进大连国际会展与高端度假产品的发展，深度开发辽东半岛两翼的滨海资源，加快盘锦、营口滨海生态度假区建设，升级葫芦岛传统滨海旅游产品。积极发展新型都市旅游产品，建设滨海休闲街区，发展集观光、休闲度假、娱乐于一体的综合性旅游区，培育和强化

"新兴滨海休闲都市"旅游目的地形象。以贯穿葫芦岛、锦州、盘锦、营口、大连、丹东六个滨海城市，串联沿线 130 多个旅游景点的辽宁滨海大通道(长达 1 400 km)为发展轴，建设"中国北方滨海旅游黄金带"。

3.6　发展专项旅游产品

工业旅游。依托东北老工业基地的重点骨干企业和矿山遗址、工业遗产，开发建设一批工业旅游示范点，鼓励具备条件的工业企业建设工业博物馆，专辟参观通道和游览场所，配套生产旅游商品。

农牧业旅游。以现代农业生产基地为依托，积极发展以"北大荒"为代表的"大农业"旅游和绿色观光农业、特色农业旅游，着力建设一批农业旅游示范园区和特色旅游示范村镇。利用林区、牧区特色，结合少数民族风情，开发牧户家访、林户特色乡村游。积极开发"北大荒知青"怀旧主题的农业旅游产品。

会展旅游。依托大连"达沃斯论坛"、"国际服装节"、"软件和服务贸易交易会"，沈阳"国际装备制造业博览会"，长春"东北亚投资贸易博览会"，哈尔滨"国际投资贸易洽谈会"等平台，积极拓展会展旅游市场，重点建设沈阳、长春、哈尔滨、大连四大国际会展旅游基地。

温(矿)泉旅游。开发特色高品质温泉主题产品，集中力量发展五大连池冷矿泉疗养区、长白山山地温泉康疗区、阿尔山—柴河温泉旅游区、大庆温泉旅游度假区、赤峰草原温泉旅游区、靖宇矿泉旅游区。培育沈阳—葫芦岛、沈阳—本溪—丹东、沈阳—辽阳—鞍山—营口—大连的温泉产业集群。

科考探险旅游。积极开发长白山、五大连池、镜泊湖和阿尔山—柴河等地的火山科考旅游；三江平原、松嫩平原、辽河下游平原、大小兴安岭、长白山区、呼伦湖—贝尔湖—乌兰诺尔、达里诺尔湿地科考探险旅游；长白山、大小兴安岭等地的森林科考探险旅游；克什克腾、浑善达克沙地草原科考探险游。

4　空间发展格局

突破行政边界，以辽、吉、黑三省及蒙东地区为有机整体，突出区域旅游活动组织特征，强化旅游供给集群发展，形成"五大区、十五亚区"的空间格局，构建"四横、四纵"区域旅游发展轴线。

4.1　"五大区、十五亚区"空间格局

以沈阳、大连为一级枢纽地的辽宁旅游区。重点发展滨海旅游产品、城市观光产品、"共和国史迹"旅游产品和会展旅游产品，着力建设沈阳、大连、丹东、锦州—葫芦岛等旅游中心城市。

(1)沈阳历史文化及辽中山水都市旅游亚区。

(2)葫芦岛—锦州滨海休闲度假旅游亚区。

(3)大连—丹东滨海城市休闲度假与边境风情旅游亚区。

以长春为一级枢纽地的吉林旅游区。重点发展生态观光、冰雪旅游、朝鲜族民族风情以及"共和国史迹"产品系列，着力建设长春、吉林、延吉等旅游中心城市。

(4)长春—吉林生态与冰雪旅游亚区。

(5)长白山—延边生态、休闲养生、文化、跨国旅游亚区。

以哈尔滨为一级枢纽地的黑龙江旅游区。重点发展冰雪旅游、养生避暑度假、生态旅游、边境旅游以及城市观光产品系列，着力建设哈尔滨、牡丹江、黑河等旅游中心城市。

(6)哈尔滨冰雪及城市文化休闲旅游亚区。

(7)五大连池—黑河生态观光和口岸边境休闲旅游亚区。

(8)佳木斯北大荒风情和边境旅游亚区。

(9)牡丹江生态观光、休闲度假、边境风情旅游亚区。

(10)大庆—齐齐哈尔扎龙国际湿地生态旅游、工业旅游亚区。

以海拉尔、满洲里为主要枢纽地的蒙东北草原—大兴安岭旅游区。重点发展草原风情旅游、边境旅游、滑雪旅游、森林生态旅游、"神州北极"(漠河)旅游，着力建设呼伦贝尔、满洲里、乌兰浩特、漠河等旅游中心城市。

(11)呼伦贝尔草原生态、民族与边境风情旅游亚区。

(12)大兴安岭森林生态观光休闲旅游亚区。

(13)阿尔山—柴河生态观光与滑雪温泉度假亚区。

以赤峰、锡林浩特为主要枢纽地的蒙东南旅游区。以草原风情和蒙元文化为旅游产业的发展方向，重点建设赤峰、通辽、锡林浩特旅游中心城市。

(14)锡林郭勒盟草原生态与蒙元文化旅游亚区。

(15)赤峰—通辽地质奇观与辽文化旅游亚区。

4.2 "四横、四纵"区域旅游发展轴线

依托重点区域旅游交通线路，串联重点旅游城市和核心旅游资源，优化完善业已形成的空间发展轴线，培育构建带动蒙东地区旅游发展的新轴线，形成以"四横、四纵"为主干的区域旅游网，引导跨区域旅游流。

(1)"四横"旅游发展轴

满洲里—海拉尔—扎兰屯—齐齐哈尔—哈尔滨—牡丹江—绥芬河。

阿尔山—乌兰浩特—白城—长春—吉林—延吉(珲春)。

霍林郭勒—通辽—沈阳—本溪—丹东。

二连浩特—锡林浩特—克什克腾—赤峰—朝阳—锦州。

(2)"四纵"旅游发展轴

多伦—正蓝旗—锡林浩特—霍林郭勒—阿尔山—海拉尔—满洲里。

赤峰—通辽—乌兰浩特—齐齐哈尔—加格达奇—漠河。

大连—沈阳—长春—哈尔滨—绥化—五大连池—黑河。

大连—丹东—白山—敦化—牡丹江—佳木斯—抚远。

5 旅游市场开发

准确把握市场定位，塑造东北旅游形象，制订整体营销方略，推动东北旅游市场发展。

5.1 市场开发

(1)市场开发策略

固本—巩固东北本地市场，加强区域旅游分工与合作，互送客源，共建旅游营销网络。

扩内—加强营销力度，扩大国内经济发达地区客源市场，重点营销生态旅游、边境旅游、跨国旅游、民族风情、冬季冰雪、滨海旅游等旅游产品。

拓外——稳固发展东北亚客源市场，快速扩展港澳台客源市场，扩大东南亚客源市场，提升欧美客源市场。

(2)国内客源市场定位

一级市场：东北地区自身为基础市场，环渤海地区(北京、天津、山东、河北)为主力市场。东北地区人口1.2亿以上，对本地具有强烈认同感；环渤海地区人口稠密，是国内经济发达地区之一，旅游消费迅速增长，素有"闯关东"的历史文化情结。

二级市场：以长三角、珠三角为重要市场。长三角、珠三角地区人口密度高，出游率位居全国前列；区域内各城市人均GDP全面超过3 000美元，观光和休闲度假需求巨大，出游半径迅速扩大。

三级市场：国内其他省、直辖市、自治区。这些地区人口近9亿，观光旅游需求快速增长，出游半径逐步扩大。

(3)境外客源市场定位

一级市场：以俄罗斯、日本、韩国、蒙古为主的东北亚市场。日本、韩国、俄罗斯人口众多、出游率高；东北地区与日、韩地缘相近、文脉相通，与蒙古、俄罗斯历史渊源深厚。

二级市场：我国港澳台、东南亚、欧洲、北美等地区。这些地区人口众多，出游率高；我国港澳台地区与国内文化渊源深厚；美欧地区经济发达，出游半径不断扩大。

三级市场：其他国家和地区，包括大洋洲、南美洲、中东西亚等。这些地区人口众多，已经或正在步入中等发达国家；交通条件改善，国家交往日益频繁。

5.2 市场营销

(1)构建两类营销平台。①区域整体营销平台。建立东北四省区市场营销联盟，打造一个四方轮办的旅游节庆活动，建设一个多种语言的东北旅游门户网站，整体推介东北旅游。②地方营销平台。充分利用已有的地方营销平台，形成联动机制，丰富和延伸大连国际服装节，哈尔滨冰雪节、啤酒节，吉林雾凇节，内蒙古草原文化节等现有节庆活动内涵，进一步提高知名度和影响力。

(2)推出四类精品旅游线路。针对不同旅游细分市场，推出一批有吸引力的精品旅游线路。

(3)实施多种营销方案。

6 完善旅游服务体系与保障服务质量

着力破解基础设施瓶颈制约，进一步健全旅游交通网络，加快旅游信息服务平台和游客服务中心建设，形成便捷高效安全的旅游公共服务体系。积极推动旅游业发展方式转变和结构优化，优化旅游发展环境，提高旅游商业服务质量水平。

6.1 完善旅游交通服务

完善立体化旅游交通运输体系。航空方面，统筹建设干线、支线机场，完善航空枢纽机场的功能，升级部分支线机场的功能，加快建设阿尔山、通化、二连浩特等机场，规划新建白城、抚远、加格达奇、五大连池、根河、霍林格勒、松源、扎兰屯等支线机场；研究开辟通往主要客源地的新的国际国内外航线，增加东北区域内各机场间的支线航班，旅游旺季开通主要客源地旅游包机。铁路方面，加强既有线路改造、新建一批客运专线和快速铁路，在旅游旺季和热点地区加开旅游专列班次，提高列车舒适度；升级沟通区域旅游铁路大通道，加快建设哈大、京沈客运专线和张家口—锡林浩特、满归—漠河铁路；打通重要景区与中心城市的铁路通道，推动和龙—二道白河、长春—烟筒山、桦甸—抚松、克什克腾—锡林浩特、扎兰屯—柴河—阿尔山铁路建设。公路方面，重点打通区域"四纵四横"公路通道，新建和改造主要中心城市间的公路干道，提高旅游景区景点通达性，着力解决景区断头路问题。水运方面，建设黑龙江、松花江、鸭绿江、乌苏里江和图们江水运旅游航线，形成连接各旅游功能区和旅游中心地的具有独特旅游价值的水运网络体系；建设大连、珲春、临江、集安、绥滨等水运码头；研究开辟至韩国、日本、朝鲜、俄罗斯的国际海上旅游航线。

6.2 提高宾馆饭店业接待能力和水平

加强旅游中心城市、主要边境口岸城市、重点旅游景区星级宾馆建设，提高接待能力和水平。适应散客市场不断发展壮大的形势，大力发展经济型酒店。针对自驾车旅游市场需求，在适当的区域兴建一批汽车旅馆。形成星级宾馆、经济型酒店、旅游区(点)住宿接待设施、青年自助宾馆、旅游家庭宾馆和城镇社会旅馆等多种形式互补的旅游住宿接待体系。培育大型高档知名饭店企业，引进国际高级酒店管理集团，提高旅游饭店经营管理水平。

6.3 提升旅行社行业整体素质

引导和扶持大型旅行社加快发展，通过并购、重组等方式，培育具有国际竞争力的大型旅行社集团，支持国内外大型旅行社在东北设立分支机构。完善市场机制，规范市场秩序，鼓励公平竞争，推动旅行社业向大型旅行社集团化、中型旅行社专业化、小型旅行社通过代理制实现网络化方向发展，构建成熟的旅行社产业分工体系。加快推动现代化技术在旅行社行业的应用。

6.4 发展特色餐饮文化娱乐业

挖掘东北民族特色餐饮文化，创建"东北菜"、"蒙餐"特色餐饮品牌；合理布局餐饮企业，建设风味饮食特色街区；培育知名餐饮企业品牌。

挖掘文化娱乐业的艺术内涵，大力开发东北地区丰富的少数民族文化(蒙古族、满族、朝鲜族等)、东北民俗文化、黑土文化、边疆文化、外来欧陆文化，以及满清、蒙元等历史文化，打造精品旅游娱乐项目，完善文化娱乐设施。

6.5 建立游客服务中心网络

按照统一标准、合理布局、规范服务的原则，在沈阳、长春、哈尔滨、大连的火车站、机场、长途汽车站附近建立综合游客服务中心。在吉林、延吉、通化、白山、松原、白城、珲春、加格达奇、牡丹江、佳木斯、齐齐哈尔、黑河、伊春、丹东、锦州、葫芦岛、海拉尔、阿尔山、赤峰、锡林浩特、乌兰浩特、通辽等城市设立二级游客服务中心。主要针对自驾车旅游者，在重要旅游交通沿线、交叉口，高速公路出口规划布局三级游客服务中心。在各主要旅游景区建立小规模的游客信息中心。

6.6 加强人才培养

与《东北地区振兴规划》相衔接，充分利用东北地区人才开发专项计划的扶持措施，大力促进东北地区高级旅游专业人才的培养。同时通过学校技能教育、上岗培训、资格认证、人才引进等多种方式，提高东北地区旅游从业人员的整体素质。

7 区域旅游合作

把加强东北区域旅游合作作为东北区域经济一体化发展的重要内容，以提高旅游资源使用效率和旅游整体竞争力为关键抓手，建立长效合作机制，加强重点领域合作，不断提升合作层次和水平，形成市场驱动、政府推动、民间互动的多元、立体合作关系，逐步实现无障碍旅游。

7.1 建立区域旅游协调机制

在四省区行政首长协商机制下，设立"旅游业发展一体化小组"，将旅游业作为东北地区区域经济一体化发展的优先推进领域，加强合作，协调解决跨省区的旅游业发展问题，共同打造"大东北无障碍旅游区"，实现合作共赢。

7.2 探索区域旅游立法合作

在2006年《东北三省政府立法协作框架协议》的原则下，组织制定东北区域旅游发展管理条例，从法律层面对旅游资源整合、产品联合开发、市场共建、联合营销、旅游交通服务、旅游执法等方面进行规定，进一步规范区域旅游市场秩序，强化区域旅游市场的统一性，推进市场对内对外开放，确保区域旅游合作顺利进行和有法可依，促进东北旅游产业健康发展。

7.3 加强区域旅游交通服务合作

加强跨省区交通设施建设，提高区域内景区的可进入性。共同协调民航部门，合理规划机场布局，加快相关机场建设；尽快解决连通区域内的铁路、高速公路、国道、省道的断头路和瓶颈路段，提高跨越省区的公路等级；联合开发界江界河旅游水运通道，加快建立东北区域与邻国的重要水上旅游线路。

加强东北区域内交通管理。减少设卡收费，治理乱收费、乱罚款，保证道路交通顺畅；共建旅游指引标识系统，制定统一的《东北区域旅游道路交通标识规范》，按照规范设置统一的旅游交通指示牌。

7.4 强化产品开发与宣传推介合作

相关地方政府要积极合作，做好跨行政区的旅游资源开发，避免无序开发、重复开发和恶性竞争，增强旅游产品的规模性、独特性和互补性。

四省区旅游主管部门要统筹协调，统一行动，采取联合营销战略参加国内外重要的旅游展销会、交易会和洽谈会，建立境外常年促销长效机制，共同巩固国内外传统客源市场，扩大新的客源市场。充分利用各种媒体渠道，共同塑造"大东北旅游"形象和品牌，提高区域旅游产业竞争力。

7.5 开展区域旅游线路合作

相邻省区各地方政府和企业要加强合作，提高相邻景区景点的通达性，共同设计培育跨省区旅游精品线路，用精彩的旅游线路串起各省区优质的旅游产品，达到客源共享、利益共享的效果。

8 发挥旅游业对资源型城市转型的作用

充分发挥旅游业在资源型城市转型中的独特作用，将旅游业培育成部分资源型城市新的经济增长点和重要接续产业。

8.1 挖掘自然人文旅游资源，打造一批资源型城市旅游名城

依托本溪的水洞、关门山景区、桓仁高句丽遗址等，鞍山的千山、玉佛苑、汤岗子温泉

等，抚顺的赫图阿拉城、清福陵、雷锋纪念馆、新宾漂流等，大庆的草原、湿地、温泉、铁人纪念馆等，盘锦红海滩、双台河湿地等，松原的查干湖等，敦化的拉法山、正觉寺等，伊春、阿尔山等地的森林资源，形成一批有影响力、知名度高的旅游景区，打造一批资源型城市旅游名城。

8.2　依托现有资源发展旅游，开展工业科普及工业遗产旅游

以阜新、抚顺、鸡西、鹤岗、霍林郭勒为代表的煤炭资源型城市，依托现有地上、地下采矿设备资源，发展煤矿观光、科普教育、井下探秘及体验、煤矿生活体验等旅游产品。以大庆、盘锦、松原为代表的石油资源型城市，依托油田景观，发展油田景观开发、石油文化体验、主题乐园等旅游产品。以鞍山、本溪为代表的钢铁资源型城市，依托大型钢铁生产企业，开发钢铁工业和采矿业观光等旅游产品。以敦化、蛟河、伊春、加格达奇、阿尔山、牙克石、根河为代表的森工城市，依托森林资源及其产品，开发森林生态旅游、林俗文化旅游、近郊康体休闲娱乐等旅游项目。

8.3　加大对资源型城市发展旅游业的投资力度

建立资源型城市发展接续替代产业、吸纳就业、资源综合利用专项资金，重点扶持一批旅游项目。享受中央财政对资源枯竭城市专项财力转移支付的地方政府，要拿出一定比例的资金专门用于发展旅游业。

9　保障措施

围绕本规划的目标和重点任务，完善加快东北地区旅游业发展的政策措施，健全规划实施机制，保障规划顺利有效实施。

9.1　提高对发展旅游业重要性的认识

东北地区各级政府要进一步解放思想，转变观念，深化发展旅游业对于老工业基地振兴战略重要性的认识，努力把旅游业培育成为新兴支柱产业。各地政府要根据本地条件，明确旅游业发展定位，编制修订旅游业发展规划，研究出台支持旅游业发展的具体措施。结合东北旅游发展需要，抓紧制定修订相关法规规章标准等。

9.2　创新旅游业健康发展的体制机制

进一步推进行政管理体制改革，强化政府部门对旅游资源的统一管理，建立符合市场经济的资源开发和利益分配机制。加快政府职能转变，加强公共管理与服务，完善旅游公共服务体系建设。深化旅游业改革，推动国有企业实行股份制改造，建设现代企业制度，积极引导民营中小企业集群化、专业化发展，提高经营管理水平和市场竞争力。支持企业通过兼并重组、连锁经营等多种方式组建大型旅游集团，增强辐射带动作用。建立旅游与城市、文化、教育相互结合、相互促进的发展机制，促进旅游业的转型升级。

9.3　完善支持旅游业发展的政策措施

国家有关扶持旅游业发展的政策和资金，要加大对东北老工业基地的支持力度。国家对东北基础设施、生态环境保护、产业结构调整、城市基础设施、小城镇建设等方面的项目建设，要统筹兼顾旅游业发展需要。各级地方政府要加大对旅游基础设施建设的投入力度，并把旅游宣传推广、人才培训、公共服务等纳入地方财政预算。积极推进国有旅游企业改革，支持企业进行跨行业、跨地区、跨所有制联合重组，组建大型旅游企业集团。鼓励包括外

资、民营资本在内的各类资本进入东北旅游产业，投资开发旅游项目。拓宽旅游企业融资渠道，鼓励优质规模企业通过上市融资扩大企业规模，支持中小旅游企业在创业板上市融资，鼓励金融企业开展旅游景点经营权和门票收入等质押贷款业务。符合条件的旅游企业可享受中小企业贷款优惠政策和中小企业发展专项资金、服务业发展专项资金的支持。进一步完善旅游企业融资担保等信用增强体系，加大对旅游企业和旅游项目的担保力度。

9.4　加强生态环境与旅游资源保护

强化资源环境保护意识，严格执行自然保护区、文物保护等国家相关法律法规。旅游资源开发要做到开发与保护并重，实行生态优先、规划先行，严格执行旅游项目环境评价制度。倡导绿色旅游理念，引导旅游者自觉保护旅游资源和生态环境。

9.5　强化市场监管与安全保障

加大旅游执法力度，完善监管机制，维持市场秩序，切实维护旅游消费者权益，树立东北诚信旅游的良好形象。强化责任意识，建立健全旅游安全保障机制，加大安全投入，完善安全设施，落实安全制度，加强安全检查，消除安全隐患。严格执行旅游安全事故报告制度和重大责任追究制度。进一步完善旅游安全提示预警机制，增强应急处置能力。

9.6　建立规划实施保障机制

加快建立区域旅游合作协调机制，落实推动规划中涉及的跨省区旅游合作与发展问题。加强对规划实施的监督指导和跟踪分析，完善信息沟通和反馈机制。根据规划实施进展情况，组织开展中期评估，确保规划实施效果。

Regional Tourism Development Planning of Northeastern China

"Regional Tourism Development Planning of Northeastern China" Project Team

Abstract：Based on the analysis of both the situation and the resource advantage of tourism development in northeastern China，this plan puts forward the strategic position，development goals and key tasks for its regional tourism under new circumstances. Through the building up of tourism products system，the planning for tourism development spatial layout，the implementation of tourism market development strategy，and the perfection of tourism public service system as well as the strengthening of cooperation among different areas in the region，tourism development can promote the transformation of resource-based cities and the integration of regional tourism can be realized. Thus tourism will become an important pillar industry in the comprehensive rehabilitation of traditional industrial base of northeastern China.

Keywords：Northeastern China，Tourism，Development Planning

辽宁省新国土规划的理论与方法探索

吴殿廷[1]，齐建珍[2]，白　翎[2]，戴小川[3]，周远波[3]，宋金平[1]，
周尚意[1]，张文新[1]，朱　青[1]，朱华晟[1]

1. 北京师范大学地理学与遥感科学学院，北京　100875
2. 辽宁省政府经济研究中心，沈阳　110035
3. 辽宁省国土资源厅，沈阳　110032

摘要： 作为国土资源部的试点项目，辽宁省国土规划在国土规划理论、方法和实施等方面进行了一些探索。从新一轮国土规划认识入手，提出辽宁省国土规划总体框架，剖析规划研制过程中对科学发展观的创新性应用。国土规划是高层次的战略规划，要以可持续发展和协调发展战略为指导，以土地利用的空间管制为依托，协调、整合经济社会发展及其建设布局与国土资源和生态环境承载力的关系、不同国土资源之间的关系、国土开发利用与人居环境建设的关系，是指导城市规划、资源开发规划、经济发展规划和生态环境保护规划的依据。

关键词： 国土资源；国土规划；辽宁省

　　2003 年，国土资源部批准辽宁省作为新一轮国土规划的试点。新一轮国土规划是国家和地区高层次、战略性、综合性的地域空间规划，以可持续发展和协调发展战略为指导，以土地利用的空间管制为依托，协调、整合经济社会发展及其建设布局与国土资源和生态环境承载力的关系、不同国土资源之间的关系、国土开发利用与人居环境建设的关系，是指导城市规划、资源开发规划、经济发展规划和生态环境保护规划的依据。

1　辽宁省新国土规划的设计思路

1.1　对新一轮国土规划的认识

　　根据我国第一轮国土规划的经验和教训，结合日本等发达国家国土规划的实践探索，我们认为，国土是个大概念，包括资源、环境、经济、社会和人口等，是资源，还是大资源，包括自然资源和人文资源。国土并不等同于土地，也不局限于资源甚或自然资源。国土规划既是战略性规划，也是操作性规划，要虚实结合。国土规划比国民经济和社会发展规划更宏观，更长远，更综合，更具战略性，更注重空间配置，更强调可持续发展和协调发展。新一轮国土规划是一个综合的、协调的规划，也是一个控制性与指导性相结合的规划。

　　国土规划是综合性规划。综合性是国土规划的基本特性之一，要编制能够统筹经济、社会与资源、环境等各种因素并能落实到地域上的空间规划，能够使经济社会发展及其建设布局与资源、环境相协调的高效的规划。

　　国土规划是以空间规划为主的规划。国土规划是促进区域经济协调发展、资源合理利用的重要途径。经济社会与人口、资源、环境的协调发展，是全面、协调、可持续的发展。可

　　作者简介：吴殿廷（1958—　），男，教授。主要研究领域为区域分析与规划。北京师范大学"区域地理国家级教学团队"成员。

持续发展的核心，就是经济社会发展与人口、资源、环境的协调。这种协调，不仅要体现在发展规模、速度和产业结构上，而且应当落实到国土空间上。要把经济发展好，国土开发好，资源利用好，环境保护好，生态治理好。

1.2　辽宁省新一轮国土规划的初步设计

1.2.1　规划任务与目标

坚持科学发展，建设和谐辽宁；高效利用国土，建设富强辽宁；培育绿色国土，建设宜居辽宁；整合区域国土，建设均衡辽宁；开发蓝色国土，建设海上辽宁；统筹广域国土，建设开放辽宁。

辽宁省新一轮国土规划的任务就是落实和细化国家振兴东北老工业基地战略和国土资源部对试点省份国土规划的要求，以辽宁省省委、省政府对辽宁省的功能定位为基础，为省委、省政府统筹全省经济社会发展和生态环境建设提供系统的决策支持。其具体目标为：

（1）合理确定辽宁省在大东北地区和全国的功能与作用，根据资源承载力研究制定全省经济社会发展战略及生产力布局、基础设施建设、城市体系发展的总体方向。

（2）在系统研究辽宁全省国土资源种类、数量、质量、分布、开发利用及保护现状、资源开发潜力，以及在全国乃至世界范围内的优势和不足的基础上，全面评价省域范围内的国土资源开发、利用、治理、保护情况及存在的问题，提出资源合理利用的时序和规模。

（3）科学制定省域范围内（包括海洋）国土整治方案，协调经济、资源、环境的关系；充分利用和发挥全省国土资源优势，扬长避短，实现人口、资源、经济和环境的协调发展和生产力布局优化；协调解决经济社会与人口、资源之间的矛盾，解决因经济快速发展带来的资源枯竭、生态恶化问题，为加速老工业基地调整、改造、振兴和协调发展创造条件。

（4）探索经验，为全国和其他地区开展国土规划提供借鉴。

1.2.2　编制思路

在尊重和落实"辽宁省国土规划工作方案"，特别是其中关于"编制国土规划的指导原则和方法"精神的基础上，还要注意以下几点。

（1）在规划视野上，要跳出国土看国土资源，跳出辽宁规划辽宁。辽宁省是大东北地区的重要组成部分，是国家最重要的工业基地和装备制造业基地，在全国担负着重要的战略任务，在东北亚地区起着举足轻重的作用。辽宁省的国土规划必须跳出辽宁、从更宏观的空间尺度（大东北地区乃至全国）和海陆互动的战略高度来予以审视。另外，辽宁省的国土资源同时承载着生态服务、生产发展、社会活动空间保障等多种功能，因而要跳出国土看国土资源，综合协调生态环境保护与经济社会发展对国土规划的要求。

（2）在规划理念上，要强调振兴和可持续发展的结合。辽宁省的国土开发必须贯彻以人为本和生态优先的原则，既要满足人们的生产和生活需要，又要守住生态环境的底线，要对生态脆弱地区和环境敏感地区（如水源保护区、风沙源地区等）实行严格的用途管制。同时，也要充分考虑经济社会发展对国土资源的合理需求，选择适宜的地区，采取适宜的方式，进行适度的开发与建设，实现国土资源的合理、高效利用。过于片面地强调对国土的全面保护，不仅会导致丰富资源的低效利用与浪费，而且会迫使一些利益集团为提高收入而采用掠夺式的利用方式破坏生态环境。

（3）在规划方法上，重视目标导向与问题导向相结合，同时要全面利用"4S"技术。一方面，要落实和细化国家及省委省政府对辽宁省国土资源的功能定位和规划要求；另一方面，要在综合评价辽宁省国土资源承载力与生态适宜性的基础上，诊断国土开发所面临的主要现实问题和未来挑战,拟定国土综合整治的途径和方案。通过"4S"和综合集成技术,将这两方面的考虑与要求在规划方案中进行有机融合与协调。

(4)在理论指导上,要以 PRED 为主线。辽宁省是一个人—地相互作用强烈的时空系统,其中,环境是基础,资源是关键,财富是核心,人的生产和生活方式是根本。解决人口—资源—环境系统问题的根本出路在于有理性、有节制和有远见的管理,在于生产和生活方式的改变。要注意发展、持续发展、可持续发展和协调发展的内在联系和本质差别,通过循环经济、信息化和现代化等手段和决策科学化、民主化等途径,提高资源利用效率,减少对生态环境的干扰,促进协调发展。

1.2.3　内容框架

准确定位辽宁省经济社会发展的方向和目标;在系统分析、评价辽宁省国土资源状况及其适宜性的基础上,分析国土资源开发利用现存的主要问题和未来经济社会发展对国土资源的需求,明确辽宁省国土资源开发利用的功能定位和规划目标,统筹安排各类国土资源的开发时序和规模,拟定国土综合整治方案,并提出实施对策和政策建议(图 1)。

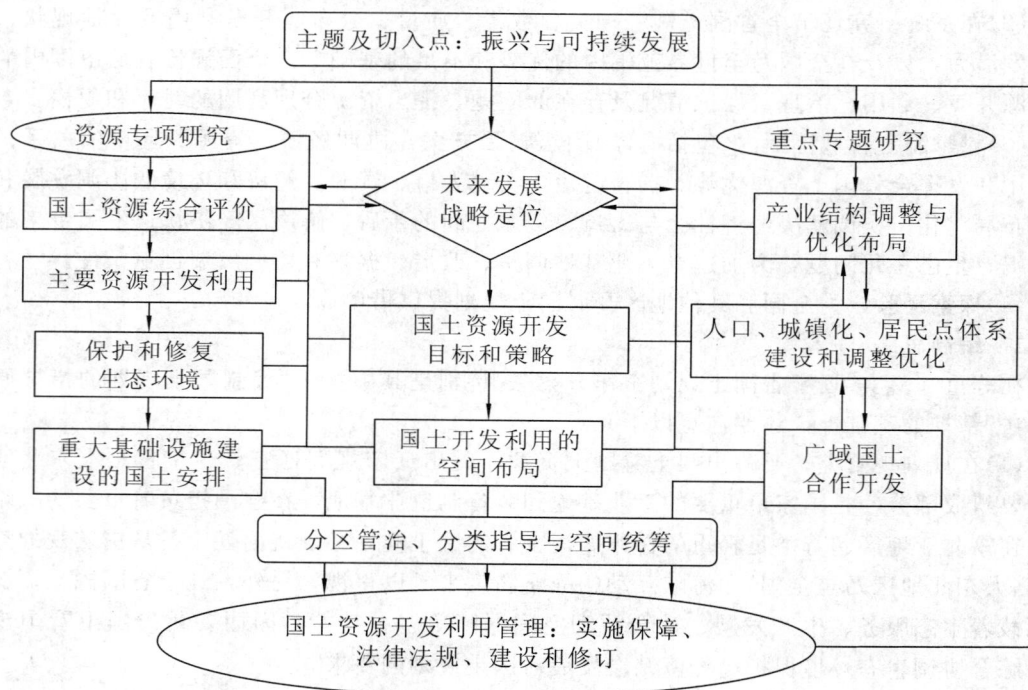

图 1　"辽宁省国土规划"总体设计示意图

Fig. 1　General blueprint of territorial planning in Liaoning Province

2　辽宁省新一轮国土规划的理论基础

2.1　科学发展观与五个统筹理论的创新性应用

辽宁省正处在老工业基地振兴与新型工业化的关键时期,发展是第一要务,核心是以人为本,基本要求是全面协调可持续,根本方法是统筹兼顾,包括城乡统筹、区域统筹、人类活动与生态环境保护统筹、经济发展与社会进步统筹、省内各项事业的改革发展与对外开放统筹。在科学发展观的统一指导下，我们在可持续发展理论、区域发展与规划理论、空间规划理论应用和发达国家经验借鉴方面进行了一些有益的探索。这些理论应用于国土规划中，我们提出了"五新"的论点。

（1）理论新：即四个字——统筹、协调。"统筹"是手段，"协调"是目的。要以科学的发展观为指导，注重五个统筹，强调可持续发展和协调发展。

（2）方法、手段新。过去的规划以统计、调查数字为基础，以实地考察和定性判断为主。这次规划全面使用现代信息技术，包括信息的获取、传输、处理和再现。全面应用"4S"技术（即遥感 RS、全球定位系统 GPS、地理信息系统 GIS 和决策支持系统 DSS），不是一般的应用，而是以其为平台。

（3）切入点新。过去的规划从资源开发和环境整治出发，这次规划是从社会经济发展的需要（人地协调）出发，按照目标导向和问题导向相结合的方法来研究国土规划问题。根据新的国际、国内背景把握辽宁省的发展方向和功能定位，提出科学、可行的战略目标，预测资源和环境容量，优化配置要素，高效利用资源，用足用好政策，创造条件，争取资源，改善环境。

（4）视角新。过去的规划就国土谈国土，就一个地区自身谈该地区国土规划。这次规划跳出国土看国土，从更高的层面来认识国土，规划国土；从更大的视野，从世界经济一体化、产业集聚区域化等角度编制一个地区的国土规划。

（5）内容新。打破过去的框架，重新确定内容体系和重点。把该管的管好，该放的放开。市场经济更需要规划和管制，但市场经济体制下，政府能管、该管的，就是公共资源、公共环境、公共安全、公共利益，特别是土地资源和生态环境。

2.2　区域发展战略与规划中的新理论探索

辽宁省新一轮国土规划的主题是"振兴与可持续发展"，其中"可持续发展"方面由"可持续发展理论"作指导，而"振兴"的理论基础则是"区域经济发展理论"和"区域规划理论"。"区域经济发展理论"包括区域发展的时间过程（阶段性与周期性）理论、产业结构演变理论、产业布局与空间集聚理论、区域经济合作与竞争理论、高新技术产业化理论、新型工业化理论等；"区域规划理论"包括区域发展战略理论、区域开发产业模式理论、区域开发空间模式理论、区域创新理论等。在以这些理论为指导的基础上，本次规划中着重从以下几个方面进行了创新性的探索。

2.2.1　战略规划（或曰"概念性规划"）

战略规划，不是制定战略和进行规划两个过程的总和，而是由战略研究到规划决策过程的一个中间环节，是一个承上启下的纽带，对于那些难以规划或规划意义不大的系统来说，战略规划则仅仅是战略研究的一个延续。用军事术语来说就是：战略是研究战争全局的，规划和计划是各个战役的布置和部署，战略规划则是把战略思想分解落实到主要战役之中。这样，战略→战略规划→规划和计划，各有侧重，互相衔接，构成了空间开发与管理的完整的决策过程系统。辽宁省新一轮国土规划中的总体规划，实际上属于"战略规划"。

2.2.2　新型工业化理论

工业化是由农业经济转向工业经济的一个自然历史过程，存在着一般的规律性；但在不同体制下，在工业化的不同阶段可以有不同的发展道路和模式。根据中共"十六大"报告的精神，新型工业化道路主要"新"在以下几个方面。

（1）新的要求和新的目标——新型工业化道路所追求的工业化，不是只讲工业增加值，而是要做到"科技含量高、经济效益好、资源消耗低、环境污染少、人力资源优势得到充分发挥"，并实现这几方面的兼顾和统一。这是新型工业化道路的基本标志和落脚点。

（2）新的物质技术基础——我国工业化的任务远未完成，但工业化必须建立在更先进的技术基础上。坚持以信息化带动工业化，以工业化促进信息化，是我国加快实现工业化和现代化的必然选择。要把信息产业摆在优先发展的地位，将高新技术渗透到各个产业中去。这是新型工业化道路的技术手段和重要标志。

（3）新的处理各种关系的思路——要从我国生产力和科技发展水平不平衡、城乡简单劳动力大量富余、虚拟资本市场发育不完善且风险较大的国情出发，正确处理发展高新技术产业和传统产业、资金技术密集型产业和劳动密集型产业、虚拟经济和实体经济的关系。这是我国走新型工业化道路的重要特点和必须注意的问题。

（4）新的工业化战略——新的要求和新的技术基础，要求大力实施科教兴国战略和可持续发展战略。必须发挥科学技术是第一生产力的作用，依靠教育培育人才，使经济发展具有可持续性。这是新型工业化道路的可靠根基和支撑力。

按照传统工业化规律，辽宁省今后的发展方向就是原材料工业基地，本次规划中我们有意识地淡化"传统原材料基地"，而提出了"世界制造业新高地"、"国家新型产业基地"等发展方向，实际上依据的就是新型工业化理论。

2.2.3　弹性规划

弹性规划是相对于刚性规划而言的。近年来，"弹性规划"理念已逐步植根于我国规划编制思想中，并在规划成果中得到切实体现。国土规划属于软科学规划，不是所有的指标或要求都能用客观的、严谨的技术手段加以解决。因此，弹性规划更适合新一轮国土规划。

国土规划是在充分分析规划区内国土资源利用状况的基础上，对国土利用供需因素进行科学预测，结合规划区实际用地情况进行区域国土资源优化配置的技术方法手段。国土利用规划的核心问题是优化国土资源配置，焦点问题是解决好发展建设与生态环境保护之间的矛盾，具体问题是明确规划期内国土资源配置的方案。国土利用弹性规划的功能主要考虑经济发展中的不确定因素，解决传统规划中存在的不合理刚性问题，避免产生资源开发不合理、不合法及其负面经济效应。本次规划中，我们在规划内容界定、规划目标确定等方面，都体现了"弹性规划"的要求：不追求规划内容的大而全；规划目标中包含了多项"≥"、"≤"等指标；规划实施要求方面大量使用了禁止、优先、宜、应该等词汇说明规划条文的遵守程度。

2.2.4　反规划

"反规划"是在我国快速城市化和城市无序扩张背景下提出的，它是相对于计划经济体制下形成的"规模—性质—空间布局"模式的传统物质空间规划编制方法而言的。"反规划"强调一种逆向的规划过程，及"负"的规划成果——生态基础设施，用它来引导和框定城市的空间发展。即编制规划时侧重于不建设规划的编制，告诉国土使用者不准做什么，而不是做什么。"反规划"的本质是一种强调通过优先进行不建设区域的控制作为对城市空间进行规划的方法论。它是在"城市与区域是一个有机统一体"、"城市是一个复杂多变的巨系统"和"发展建设与生态环境是'胎儿'与'母亲'的关系"等科学论断基础之上形成的。所以，"反规划"对于国土规划具有较强的指导意义。

以往的区域规划多是"区域发展增长先行，生态保护治理滞后"，不可避免地破坏自然过程的连续性和完整性，从而影响自然系统运行和整体功能的发挥，在一定程度上表现为自然环境的退化和自然灾害的频繁发生。因此，应对传统的国土规划编制方法进行反思和改进，

"反规划"方法不失为一种选择。但国土规划不等同于城市规划，所以在尝试"反规划"方法时必须进行适当的调整。本次规划中我们提出的"守住生态环境底线"、"保护东西两厢"、"禁止开发区"等，实际上是对"反规划"理论的创新应用。

2.3　空间管制理论

2.3.1　空间规划理论

空间规划是指涉及地域空间合理布局和开发利用的规划。在社会主义市场经济条件下，空间规划是政府统筹安排区域空间开发、优化配置国土资源、调控经济社会发展的重要手段。科学的空间规划可以弥补市场失灵，有效配置公共资源，促进经济社会可持续发展；可以约束市场主体的空间开发活动，有效避免区域空间的无序开发、错误开发和低水平开放；可以规范政府行为，成为政府履行职责的重要依据，促进科学行政、民主行政和依法行政。

2.3.2　空间管制理论

空间管制是市场经济发展过程中各级政府对城市社会经济发展进行宏观调控的有效手段，也是新时期城市总体规划的主要内容。通过空间管制，促进区域的整合和治理、资源的有效利用、不利因素的克服，实现区域整体最优发展的目标。

2.3.3　城镇体系规划理论

城镇体系规划是在一定地域范围内，以区域生产力合理布局和城镇职能分工为依据，确定不同人口规模等级和职能分工的城镇的分布和发展规划。城镇体系规划包括等级规模体系规划、城镇职能体系规划和城镇地域体系规划。城镇体系规划要达到的目标：通过合理组织体系内各城镇之间、城镇与体系之间以及体系与其外部环境之间的各种经济、社会等方面的相互联系，运用现代系统理论与方法探究整个体系的整体效益。我国已经形成一套由国土规划→城镇体系规划→城市总体规划→城市分区规划→城市详细规划等组成的空间规划系列。城镇体系规划处在衔接国土规划和城市总体规划的重要地位。城镇体系规划既是城市规划的组成部分，又是区域国土规划的组成部分。因此，我们专门在辽宁省国土规划中设立了城镇体系规划专项规划。

2.3.4　主体功能区理论

"十一五"规划纲要将国土空间划分为优化开发、重点开发、限制开发和禁止开发四类主体功能区。主体功能区是根据不同区域的资源环境承载能力、现有开发密度和发展潜力、人口分布、城镇化格局，按照区域分工和协调发展的原则划定的具有特定主体功能的空间单元，属于一种典型的经济类型区。

辽宁国土规划中，我们根据资源环境承载能力、现有开发密度和发展潜力，统筹考虑未来辽宁省人口分布、经济布局、国土利用和城镇化格局，将辽宁省国土空间划分为优化开发区、重点开发区、适度开发区、限制开发区和禁止开发区五类主体功能区。要按照主体功能定位调整完善区域政策和绩效评价，规范空间开发秩序，形成合理的空间开发结构，增强规划的空间指导和约束功能。其中的"适度开发区"是我们的一个创新。

3　辽宁新国土规划中的方法论探索

3.1　采取目标导向和问题导向相结合的方式展开规划

科学研究的目的在于发现问题，寻找规律，因此常采取问题导向的方式进行，即沿着"发现问题→分析问题→解决问题"的思路展开，环境整治规划和生态建设规划等也常采取这种方式；一般发展规划的目的在于实现某一(些)特定目标，多采取目标导向的方式进行，即沿着"提出目标→影响因素分析→方案设计和优化选择→方案实施及效果评价"的思路展开，国民经济发展规划、开发区建设规划、旅游开发规划等，多采取这种方式。国土规划与科学研究不同，也不同于一般的发展规划。国土规划的目的，既是解决问题的控制—协调性规划，也是促进发展的指导—引导性规划。特别地，辽宁省国土规划的主题是"振兴与可持续发展"，要落实"振兴"主题就必须采取"目标导向"的方式编制规划；要确保"可持续发展"，就必须守住生态环境底线，就必须从问题——生态环境问题入手。有鉴于此，我们采取"以目标导向和问题导向相结合"的方式展开辽宁省新一轮国土规划(图 2)。

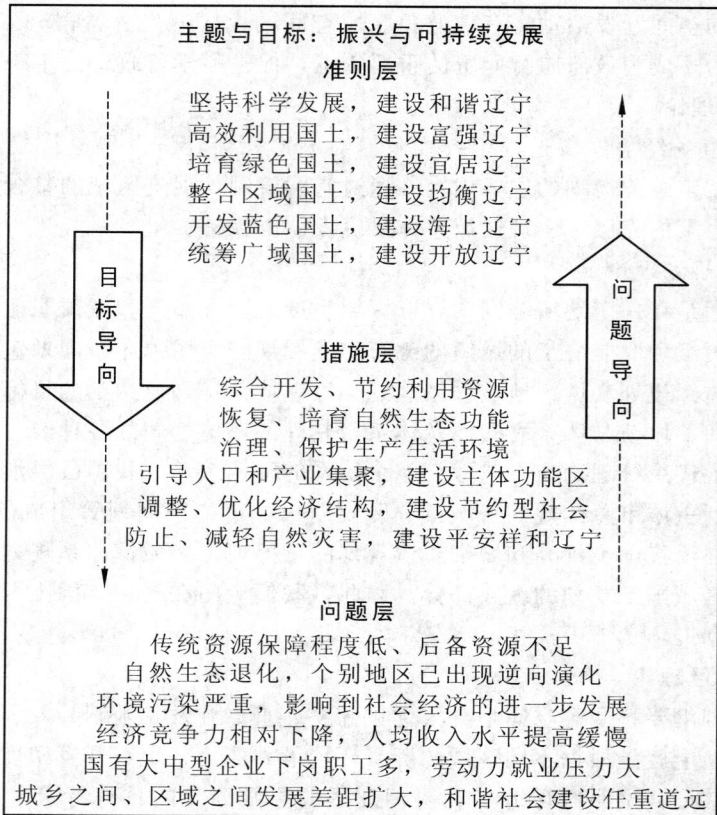

图 2　辽宁省国土规划(总体规划)文本设计思路图

Fig. 2　The design methodology of territorial planning (master plan) textbook of Liaoning Province

3.2　综合承载力研究方法

　　地球的面积和空间是有限的，它的资源是有限的，显然，它的承载力也是有限的。因此，人类的活动强度必须保持在地球承载力的极限之内。人类赖以生存和发展的环境是一个大系统，它既为人类活动提供空间和载体，又为人类活动提供资源并容纳废弃物。对于人类活动来说，环境系统的价值体现在它能对人类社会生存发展活动的需要提供支持。因为环境系统的组成物质在数量上有一定的比例关系、在空间上具有一定的分布规律，所以它对人类活动的支持能力有一定的限度。当今存在的种种环境问题，大多是人类活动强度与环境承载力之间出现冲突的表现，即外界的"刺激"超过了环境系统维护其动态平衡与抗干扰的能力，也就是人类社会行为对环境的作用力超过了环境承载力。因此，人们用环境承载力作为衡量人类社会经济与环境协调程度的标尺。环境承载力指在维持人与自然环境之间和谐的前提下，环境所能够承受的人类活动的阈值。区域环境承载力就是在一定区域内环境对开发活动的强度和规模的可承受能力。

各地区要根据资源禀赋、环境容量、生态状况、人口数量以及国家发展规划和产业政策，明确不同区域的功能定位和发展方向，将区域经济规划和环境保护目标有机结合起来。同时还要求：在环境容量有限、自然资源供给不足而经济相对发达的地区实行优化开发，坚持环境优先，大力发展高新技术，优化产业结构，加快产业和产品的升级换代。在环境仍有一定容量、资源较为丰富、发展潜力较大的地区实行重点开发，加快基础设施建设，科学合理利用环境承载能力，推进工业化和城镇化。

本次规划中我们更多的是从国土的综合承载力角度，考察和计算了辽宁省未来的合理人口、经济规模，重点考察了耕地、建设用地和水资源的人口承载规模，以及主要矿产资源的经济承载能力。

4　结论和讨论

辽宁省国土规划研究突破了传统的国土资源研究领域，涵盖了自然资源、经济资源和社会资源各个类别；范围上涵盖了陆、海、空各个领域；还考虑了境外资源的可得性，超越了传统狭义的研究范围。规划编制的组织与方法应用了现代理论与技术手段，研究的结论与建议准确、合理，便于政府实施，尤其是组建的地理信息系统增强了政府决策的科学性和直观性。该研究成果直接推进了全国首份地方国土规划实施管理办法出台（《辽宁省国土规划管理办法》，辽宁省人民政府令第 225 号）；依据研究成果形成的《辽宁省国土规划纲要》成为国内首份也是目前唯一的一份省级政府组织实施的国土规划；研究设计的国土规划框架体系可以为全国其他即将启动国土规划编制工作省份提供参考；研究在理论和实践上全面支撑了国土资源部在辽宁编制国土规划的试点工作。本文只是对辽宁省国土规划研究和编制中的理论探索的初步总结，实际上，该项目研究过程中，数百名其他参与人员的创新性探索还有很多，甚至更可贵，更有价值。

致谢：辽宁省国土规划成果得到了国土资源部、辽宁省人民政府和北京师范大学的支持和资助，也咨询了北京、沈阳、上海等地很多专家的意见，特致谢忱。

Theoretical Innovation and Frame Design for
the New Round Territorial Planning of Liaoning Province

Dianting Wu[1], Jianzhen Qi[2], Ling Bai[2], Xiaochuan Dai[3], Yuanbo Zhou, Jinping Song[1], Shangyi Zhou[1], Wenxin Zhang[1], Qing Zhu[1], Huasheng Zhu[1]

1. School of Geography, Beijing Normal University, Beijing 100875
2. Development Research Center Liaoning Provincial Government 110035
3. Liaoning Provincial Department of Land & Resources, Shen Yang 110032

Abstract：As a pilot project of Ministry of Land and Resources, land planning studies of Liaoning province explored a lot in theories, methods and implementation of territorial planning. Beginning with learning the new round territorial planning, an overall framework of territorial planning in Liaoning Province and the innovative application of Scientific Outlook on Development in this study were proposed. Territorial planning is a high-level strategic planning conducted by sustainable development and coordinated development strategy. Based on the spatial control of land use, several groups of relationship should be coordinated well which include socioeconomic development & environmental capacity, land use & human environment construction, and different territorial resources. Territorial planning is the direction and guidance to urban planning, resources development planning, economic development program, and protection of the ecological environment planning.

Keywords: Territorial Resources, Territorial Planning, Liaoning Province

新中国 60 年的经济格局演变

朱华晟，吴骏毅，付　晶

北京师范大学地理学与遥感科学学院，北京　100875

摘要： 新中国成立以来，我国生产力突飞猛进，社会经济发生了巨大变化。由于历史基础、发展机遇与制度条件等多方面的原因，我国东部、中部、东北和西部四个地区的经济在持续增长的同时，地区之间的差距也在进一步加大。我国已经从以第一产业为主导的农业大国转变成第二产业居首、三次产业协同发展的制造业大国。改革开放以后，我国城镇化进程加速，城乡人口结构产生较大变化，四个地区城市化水平的差距在不断缩小。我国对外贸易快速增长，进出口总额已经跻身全球前列，国际地位显著提升。交通运输发展迅速，交通运输网络、基础设施和生产能力均有较大改善。能源产量大幅增加，能源产品种类扩大，结构也进一步得到优化。随着社会经济快速发展，环境保护问题越来越引起全社会的高度关注，环境保护和治理的力度不断加大，环境质量得以控制并改善。

关键词： 中国；经济；人口；区域差异

1　国民经济发展与区域经济差异演变

自新中国成立以来，我国国内生产总值保持快速稳定增长，由 1952 年的 679 亿元增加到 1978 年的 3 645 亿元，到 2008 年超过了 30 万亿元，达到了 300 670 亿元（图 1）。1952～2008 年期间，我国国内生产总值以年均 8.1％的速度增长，经济总量增加了 77 倍。其中，1979～2008 年年均增长 9.8％（图 2），快于同期世界经济增速 6.8 个百分点。根据世界银行资料，折合成美元，我国 2008 年国内生产总值为 38 600 亿美元，位次跃升世界第 3 位，相当于美国的 27.2％，日本的 78.6％[①]。

我国国内东部、中部、东北和西部四个地区均保持持续增长，但是东部地区与中、西、东北部地区的经济水平差距在进一步加大（图 3）。

新中国成立初期，由于历史、地理位置及经济基础等原因，各地区经济发展水平差异较大。1953 年，东部和东北地区生产总值占 57.9％，而中、西部分别只占 23.4％和 18.6％。东北地区生产总值比例先上升后下降，东部地区生产总值比例基本实现稳定上升，中部和西部地区生产总值比例变化不大。

改革开放以后，东北、中部、西部地区生产总值占比持续下降，到 2008 年，东北地区生产总值达到 28 195.63 亿元，约占 8.6％，东部地区生产总值达到 177 579.60 亿元，约占 54.3％，中部地区生产总值达到 63 188.03 亿元，约占 19.3％，西部地区生产总值达到 58 256.58 亿元，约占 17.8％。

作者简介：朱华晟（1974—　　），男，副教授，主要研究领域为产业地理、区域经济。北京师范大学"区域地理国家级教学团队"成员。

①　中华人民共和国国家统计局，http://www.stats.gov.cn/tjfx/ztfx/qzxzgcl60zn/t20090907_402584869.htm，2009-09-07。

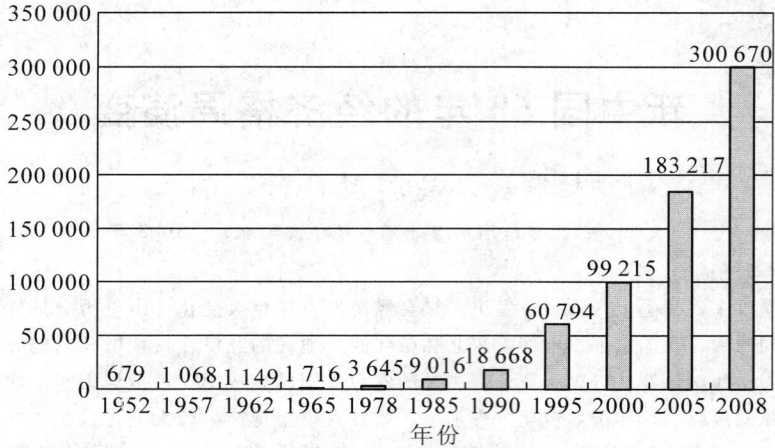

图 1　1952～2008 年中国 GDP 变化（单位：亿元）

Fig. 1　The variation of China's GDP（1952～2008）（unit：0.1 billion Yuan）

（数据来源：中华人民共和国国家统计局）

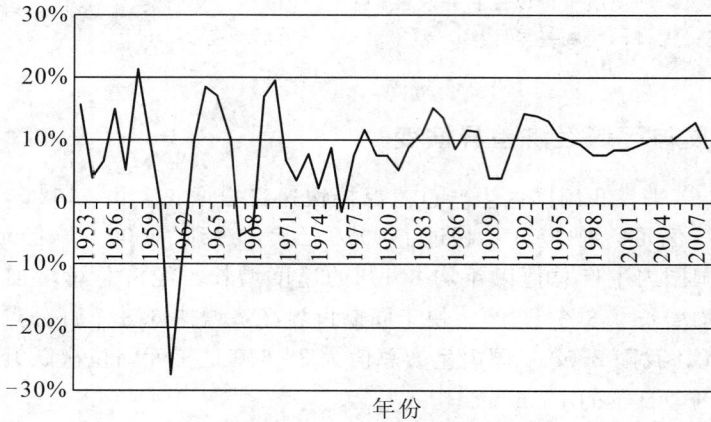

图 2　1953～2008 年中国 GDP 增长速度

Fig. 2　Annual growth rate of China's GDP（1953～2008）

（数据来源：1949～1999 年中国统计资料汇编、2009 年中国统计年鉴）

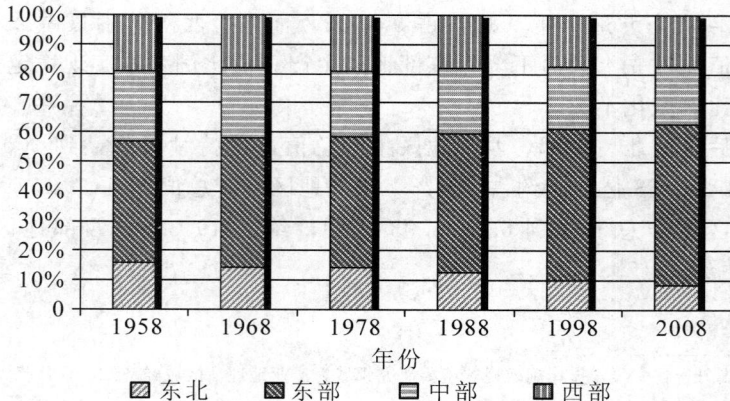

图 3　1958～2008 年中国 GDP 的地区构成变化

Fig. 3　The variation of regional structure of GDP in China（1958～2008）

（数据来源：1949～1999 年中国统计资料汇编，1999 年、2009 年中国统计年鉴）

2　三次产业持续增长，产业结构不断优化

　　新中国成立以来，我国三次产业结构发生显著变化，从第一产业为主导转变为第二产业居首、三次产业协同发展的格局。同时三次产业内部结构也不断优化。

　　新中国成立初期，我国农业基础薄弱，工业素质不高，服务业发展滞后。如图 4 所示，1952 年，第一产业增加值占国内生产总值的比重达 50.5%，第二产业增加值占 20.9%，第三产业增加值占 28.9%，农业在国民经济中占有主导地位。1952～2008 年，第一产业增加值占国内生产总值的比重由 50.5%持续下降至 11.3%，下降了 39.2 个百分点；第二产业增加值占国内生产总值的比重由 20.9%逐步升至 48.6%，上升了 27.7 个百分点；第三产业增加值占国内生产总值的比重由 28.6%升至 40.1%，上升了 11.5 个百分点。三次产业协同发展的基本格局已经初步形成。

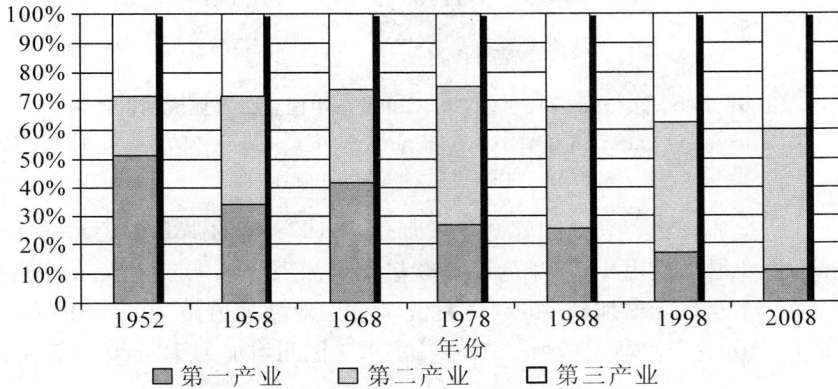

图 4　1952～2008 年中国三次产业结构变化

Fig. 4　The variation of industrial structure in China（1952～2008）

（数据来源：1949～1999 年中国统计资料汇编，1999 年、2009 年中国统计年鉴）

　　第一产业中，农业总产值由 1978 年 1 117.5 亿元增长到 2008 年的 28 044.2 亿元，林业由 1978 年 48.1 亿元增长到 2008 年的 2 152.9 亿元，牧业由 1978 年 209.3 亿元增长到 2008 年的 20 583.6 亿元，渔业由 1978 年 22.1 亿元增长到 2008 年的 5 203.4 亿元（图 5）。

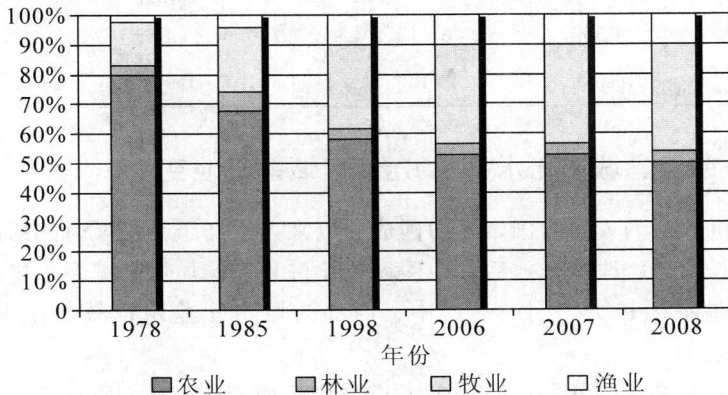

图 5　1978～2008 年中国第一产业内部结构变化

Fig. 5　The structure variation of the primary industry in China（1978～2008）

（数据来源：1949～1999 年中国统计资料汇编，1999 年、2009 年中国统计年鉴）

第二产业中，工业增加值由 1978 年的 1 607.0 亿元增加到 2008 年的 129 112.0 亿元，建筑业增加值由 1978 年的 138.2 亿元增加到 2008 年的 17 071.4 亿元。第二产业内部结构变化见图 6。

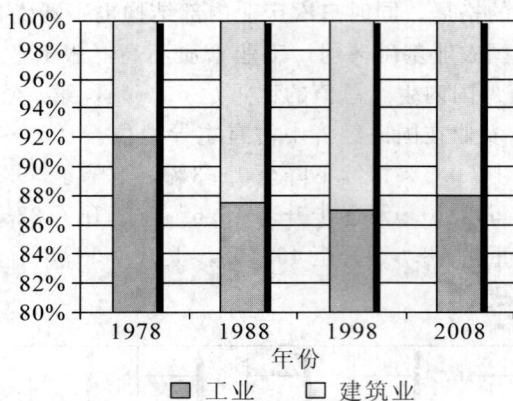

图 6　1978 年、1988 年、1998 年、2008 年中国第二产业增加值结构

Fig. 6　The structure variation of the second industry in China（1978，1988，1998，2008）

（数据来源：1986 年、2009 年中国统计年鉴）

第三产业中，交通运输、仓储和邮政业增加值由 1978 年的 182.0 亿元增加到 16 589.8 亿元，批发和零售业增加值由 1978 年的 242.3 亿元增加到 23 100.7 亿元，住宿和餐饮业增加值由 1978 年的 44.6 亿元增加到 6 624.4 亿元，金融业增加值由 1978 年的 68.2 亿元增加到 16 816.5 亿元，房地产业增加值由 1978 年的 79.9 亿元增加到 12 720.0 亿元（表 1）。

表 1　1978～2008 年中国第三产业主要部门增加值变化　　　　（单位：亿元）

Tab. 1　The variation of the added value of main subsectors in the tertiary industry in China（1978～2008）

（unit：0.1 billion Yuan）

年份	第三产业增加值	交通运输、仓储和邮政业	批发和零售业	住宿和餐饮业	金融业	房地产业	其他
1978	872.5	182.0	242.3	44.6	68.2	79.9	255.6
1988	4 590.3	685.7	1 483.4	241.4	585.4	473.8	1 120.6
1998	30 580.5	4 660.9	6 913.2	1 786.9	3 697.7	3 434.5	10 087.3
2008	120 486.6	16 589.8	23 100.7	6 624.4	16 816.5	12 720.0	44 635.1

3　人口增长、就业、城市化水平及城乡/区域差异演变

中国一直是世界上的人口大国，新中国成立以来人口经历了一段时间的高速增长，目前已经进入平稳增长阶段。改革开放后，中国城镇化进程开始加快，城乡人口结构产生较大变化，城市人口数量不断扩大，同时东、中、西部的城市化差距也较新中国成立初期不断减小。

中国人口发展大致可以分为：第一个人口高增长阶段（1949～1957 年）、人口低增长阶段（1958～1961 年）、第二个人口高增长阶段（1962～1970 年）、人口有控制增长阶段（1971～1980 年）、第三个人口高增长阶段（1981～1990 年）、人口平稳增长阶段（1991 年至今）六个

阶段。中国人口由 1952 年的 57 482 万人增长到 2008 年的 132 802 万人（图 7）。在人口增长的城乡差异上，从新中国成立初期到 1978 年，城乡人口结构变化不大，市镇人口由 1952 年的 12.5% 仅增加到 1978 年的 17.9%；改革开放以后，城乡人口结构变化较大，市镇人口比例大幅攀升，由 1978 年的 17.9% 增加到 2008 年的 45.7%，而乡村人口由 1978 年的 82.1% 降低到 2008 年的 54.32%（图 8）。

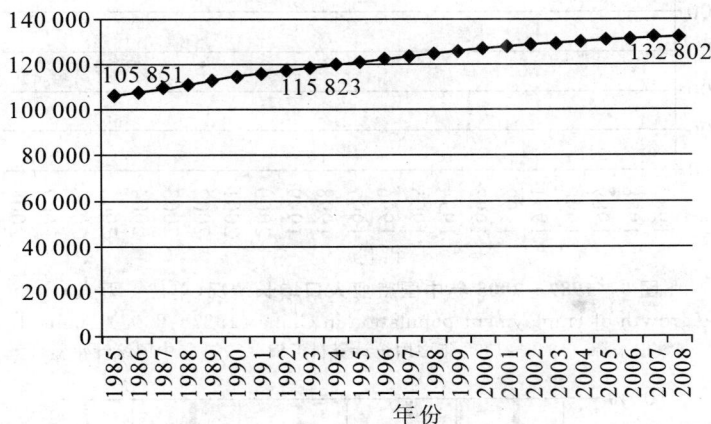

图 7　1985～2008 年中国人口增长情况（单位：万人）

Fig. 7　The population growth in China（1985～2008）（unit：10 thousand）

（数据来源：1949～1999 年中国统计资料汇编、2009 年中国统计年鉴）

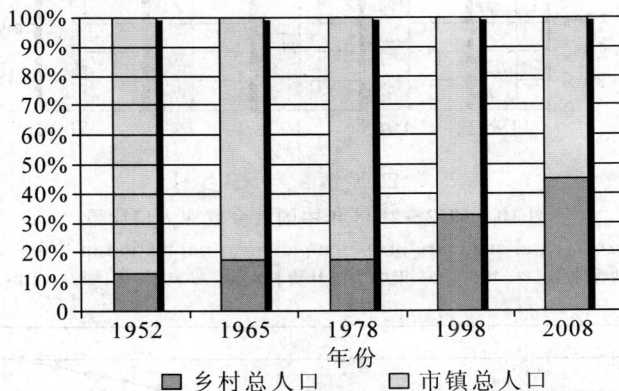

图 8　1952～2008 年中国城乡人口结构

Fig. 8　Urban-rural structure of the population in China（1952～2008）（unit：%）

（数据来源：1949～1999 年中国统计资料汇编、2009 年中国统计年鉴）

中国就业总人口由 1952 年的 20 729 万人，增加到 1978 年的 40 152 万人，到 2008 年年底已经达到 77 480 万人（图 9）。其中，城镇就业人口由 1952 年的 2 486 万人（占总就业人口的 12.0%），增加到 2008 年的 30 210 万人（占总就业人口的 39.0%）；乡村就业人口由 1952 年的 18 243 万人（占总就业人口的 88.0%），增加到 2008 年的 47 270 万人（占总就业人口的比重下降到 61.0%）（图 10）。

中国城市化率基本处于不断上升阶段，由 1952 年的 12.5% 增加到 1978 年的 17.9%，到 2008 年达到 45.7%（图 11）。新中国成立初期，我国东北、东部、中部、西部地区的城市

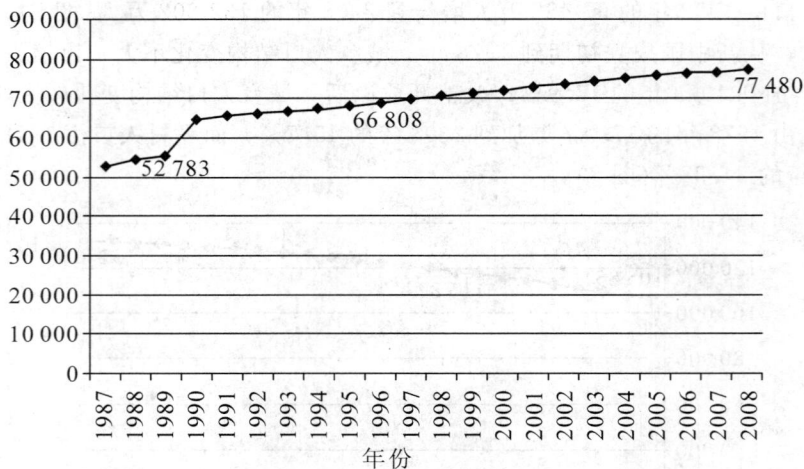

图 9 1987~2008 年中国就业人口增长情况(单位：万人)

Fig. 9 The growth of employment population in China (1987~2008) (unit：10thousand)

(数据来源：1949~1999 年中国统计资料汇编、2009 年中国统计年鉴)

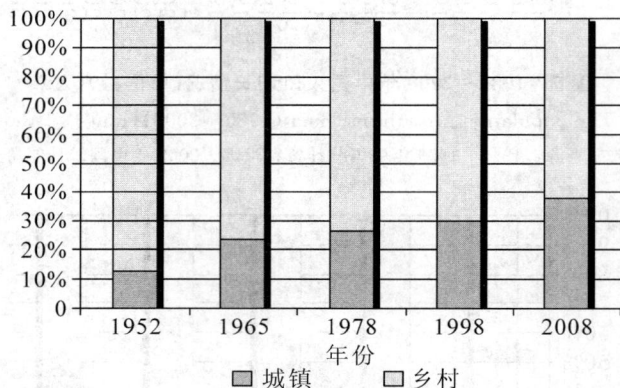

□ 城镇　　□ 乡村

图 10 1952~2008 年中国城乡就业人口比重

Fig. 10 The urban-rural structure of the employment population in China (1952~2008)

(数据来源：1949~1999 年中国统计资料汇编、2009 年中国统计年鉴)

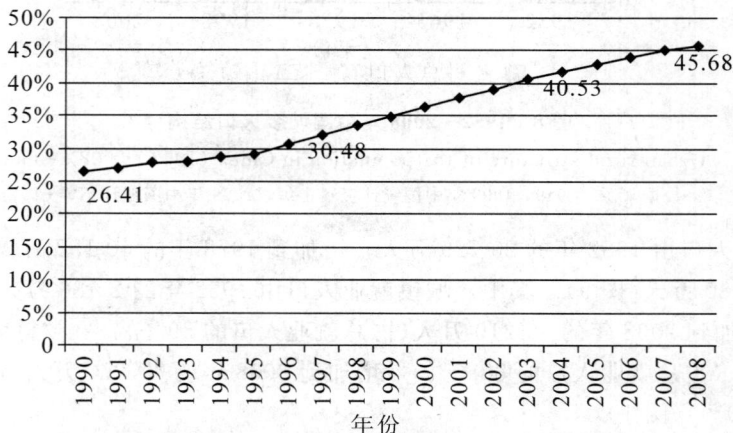

图 11 1990~2008 年中国城市化率水平变化

Fig. 11 The variation of China's urbanization rate (1990~2008)

(数据来源：1949~1999 年中国统计资料汇编、2009 年中国统计年鉴)

化水平差异很大。改革开放后，城市化差距不断缩小，1985 年东北、东部、中部、西部地区的城市化水平分别为 62.8％、47.5％、28.7％、32.0％，到 2008 年变化为 56.7％、55.9％、40.9％、38.3％（图 12）。

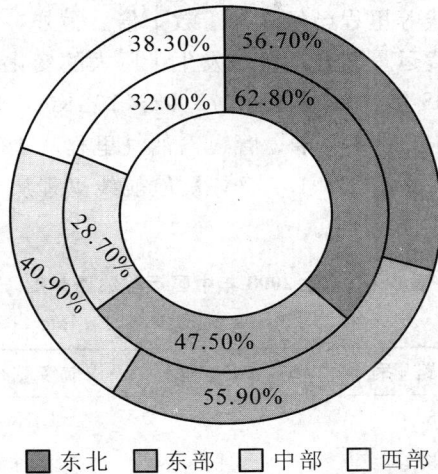

图 12　1985 年与 2008 年中国四区城市化水平对比

Fig. 12　Comparison of the urbanization rate among the four areas in 1985 and 2008

（数据来源：1986 年、2009 年中国统计年鉴；内圈为 1985 年数据，外圈为 2008 年数据）

4　对外贸易发展及区域差异演变

新中国成立初期，我国主要为对内贸易，改革开放后不断提高对外开放水平，对外贸易快速增长。目前，我国的进出口总额全球排名第二位，国际地位显著提升（表 2）。

表 2　1950～2008 年中国对外贸易情况　　　　　　　　　　　　　　（单位：亿美元）

Tab. 2　The variation of Foreign trade in China（1950～2008）（unit：0.1 billion Yuan）

年份	1950	1958	1968	1978	1988	1998	2008
货物进出口总额	11	38.7	40.5	206.4	1 027.9	3 239.3	25 632.6
出口总额	5.5	19.8	21	97.5	475.4	1 837.6	14 306.9
进口总额	5.8	18.9	19.5	108.9	552.5	1401.7	11 325.6
进出口差额	−0.3	0.9	1.5	−11.4	−77.1	435.9	2 981.3

数据来源：1949～1999 年中国统计资料汇编，1989 年、1999 年、2009 年中国统计年鉴。

1950 年我国进出口总额仅 11.35 亿美元，1958 年 38.7 亿美元，1968 年 40.5 亿美元，到 1977 年发展到 148.04 亿美元，28 年对外贸易额增长了 12 倍，1950 年至 1977 年年均增长 9.9％。1978 年以后，通过不断扩大对外开放领域，提高对外开放水平，促进了对外贸易快速增长。2008 年我国进出口总额从 1978 年的 206.4 亿美元猛增到 25 616 亿美元，31 年间增长了 123 倍，1978～2008 年年均增长 18.1％，平均增速比改革开放前 28 年提高了 8.2 个百分点。

我国的进出口总额在世界贸易中的地位不断提升。我国进出口总额占世界进出口总额的比重由 1950 年的 0.9％上升到 2008 年的 8％以上。由 1950 年全球排名第 27 位上升到 1990 年的第 15 位，2001 年列第 6 位，2004～2006 年稳居第 3 位，2007～2008 年上升到第 2 位。

5　交通运输发展以及运输网络

新中国成立以来，我国交通运输发展迅速，目前部分地区已经形成了完善的综合运输网络，铁路、公路、航道、航线等里程已经增加了数十倍。另外，交通运输设施的种类和数量均显著增加；同时，全国的货运量和客运量也发生了巨大的变化。

综合运输网络方面，2008 年公路里程为 373.02×10^4 km，是 1949 年的 46.2 倍；铁路里程 7.97×10^4 km，是 1949 年的 3.7 倍；管道输油气里程从 1958 年的 0.02×10^4 km 增加到 2008 年的 5.83×10^4 km，增加了 291.7 倍；民航航线里程从 1949 年的 1.13×10^4 km 增加到 2008 年的 246.18×10^4 km(表 3)。

表 3　1949～2008 年中国运输线路长度　　　　　　(单位：10^4 km)

Tab. 3　The variation of China's transportation line（1949～2008）　　(unit：10^4 km)

年份	铁路营运里程	公路里程	内河航道里程	民用航空航线里程	输油(气)管道里程
1949	2.18	8.07	7.36	1.13	
1957	2.67	25.46	9.5	2.64	
1965	3.64	51.45	15.77	3.94	0.04
1978	4.86	89.02	13.6	14.89	0.83
1988	5.28	99.56	10.94	37.38	1.43
1998	5.76	127.85	11.03	150.58	2.31
2008	7.97	373.02	12.28	246.18	5.83

数据来源：1986 年、2009 年中国统计年鉴。

交通运输设施和装备方面，民用汽车由 1978 年的 135.84 万辆增加到 2008 年的 5 099.61 万辆，公路运营汽车到 2008 年达到 930.61 万辆。民用机动船呈现先增后减的趋势，由 1980 年的 64 307 艘增加到 2008 年的 152 247 艘；民用驳船由 1980 年的 119 464 艘减少到 2008 年的 31 943 艘；民航飞机不断增加，到 2008 年已经增加到 1 961 架(表 4)。

表 4　1978～2008 年主要交通运输设施和装备变化情况

Tab. 4　The variation of main transportation facilities and equipments in China（1978～2008）

年份	民用汽车 /(万辆)	公路运营汽车 /(万辆)	民用机动船 /(艘)	民用驳船 /(艘)	民航飞机架数 /(架)
1978	135.84				
1980	178.29		64 307	119 464	
1985	321.12		260 296	132 682	404
1990	551.36	31.3	325 888	82 482	503
1998	1319.3	31.88	212 093	48 115	
2008	5 099.61	930.61	152 247	31 943	1 961

数据来源：1986 年、2009 年中国统计年鉴。

交通运输生产方面，全国客运量和货运量分别由 1949 年的 1.4 亿人、1.6×10^8 t 增加到 1978 年的 25.4 亿人、24.9×10^8 t，到 2008 年年底已经达到 286.8 亿人和 258.7×10^8 t；

旅客周转量和货物周转量分别由 1949 年的 155 亿人千米、$255 \times 10^8 \, t \cdot km$ 增加到 1978 年的 1743 亿人千米、$9\,829 \times 10^8 \, t \cdot km$，到 2008 年年底已经达到 23 197 亿人千米和 110 301 $\times 10^8 \, t \cdot km$（图 13、图 14）。

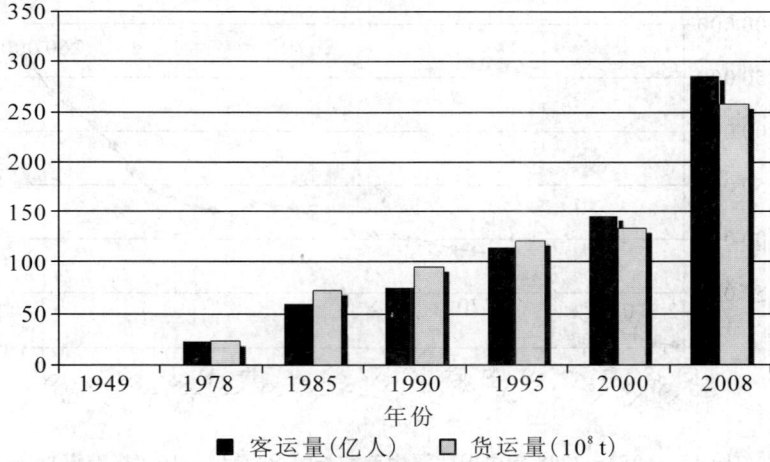

图 13　1949～2008 年全国客货运量

Fig. 13　The volume variation of China's passenger and freight traffic（1949～2008）

（数据来源：1986 年、2009 年中国统计年鉴）

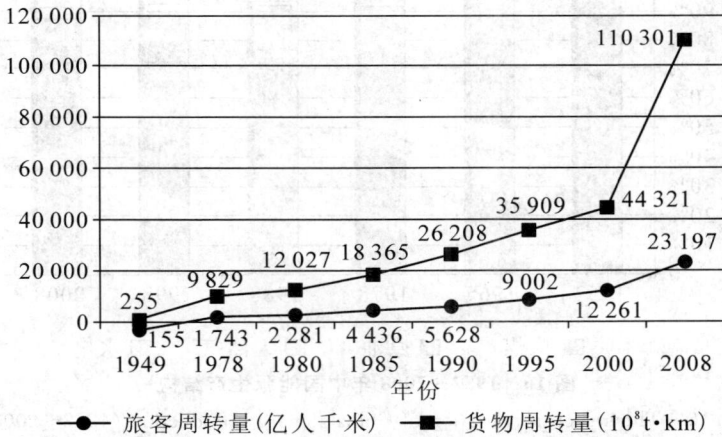

图 14　1949～2008 年全国客货周转量

Fig. 14　The turnover variation of China's passenger and freight traffic（1949～2008）

（数据来源：1986 年、2009 年中国统计年鉴）

6　能源生产总量及结构变化

新中国成立初期，我国的能源生产量很小，自改革开放以来，我国大力提高能源生产力，能源生产量迅速增多，同时，能源产品种类增多，煤炭、原油、天然气、水电及其他能源的结构比例也发生了一定的变化（图 15、图 16、表 5）。

1949 年我国一次能源生产量仅 $0.237 \times 10^8 \, t$（标准煤），到 1978 年增加到 $6.277 \times 10^8 \, t$，2008 年达到 $26 \times 10^8 \, t$。1949 年能源产品主要是少量的煤炭和石油，煤炭产量仅 $0.32 \times 10^8 \, t$，原油产量仅 $12 \times 10^4 \, t$。到 1978 年，原煤占能源生产总量的比重下降到 70.3%，原

油、天然气、水电及其他占能源生产总量的比重分别增加到 23.7%、2.9%、3.1%。2008
年,原媒、原油、天然气、水电及其他占能源生产总量的比重进一步发生调整,分别为
76.7%、10.4%、3.9%、9.0%。

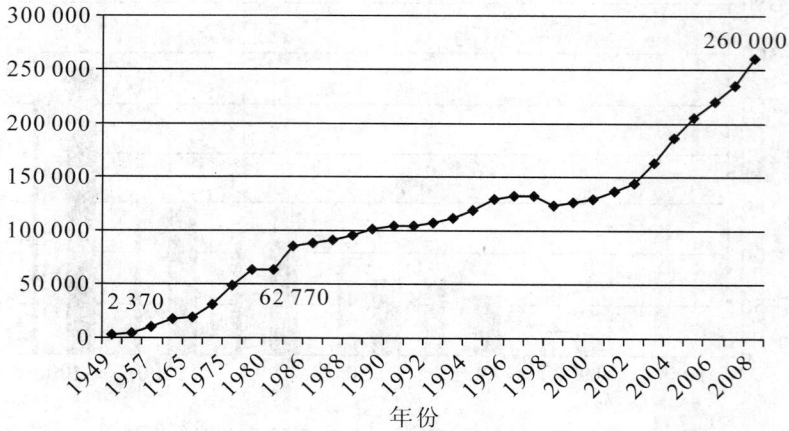

图 15　1952～2008 年中国能源生产增长情况(单位:10^4 t 标准煤)

Fig. 15　The variation of China's energy production (1952～2008) (unit:10 thousand ton of standard coal)

(数据来源:1986 年、2009 年中国统计年鉴)

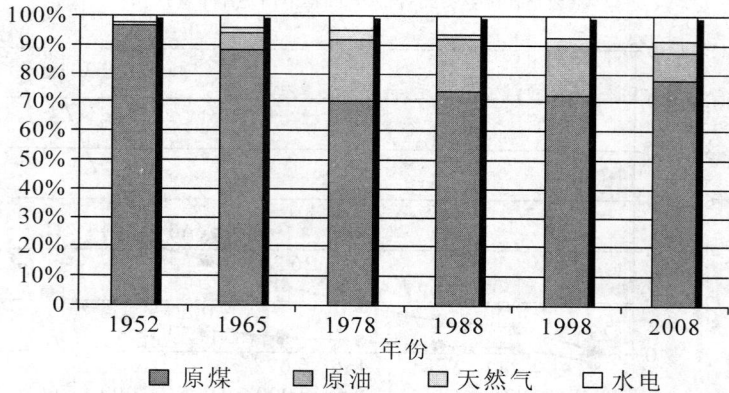

■ 原煤　■ 原油　▨ 天然气　□ 水电

图 16　1952～2008 年中国能源生产结构

Fig. 16　The structure variation of China's energy production (1952～2008)

(数据来源:1986 年、2009 年中国统计年鉴)

表 5　1949 年、1978 年和 2008 年一次能源生产及主要能源产品产量

Tab. 5　The production of primary energy and main energy products in 1949、1978 and 2008

项目	单位	1949 年产量	1978 年		2008 年	
			产量	比 1949 年增长的倍数	产量	比 1978 年增长的倍数
一次能源生产量	亿吨标准煤	0.237	6.28	25	26	3.1
煤炭	10^8 t	0.32	6.18	18	27.93	3.5
石油	10^4 t	12	10 405	866	19 000	0.8
其中:汽油	10^4 t	2.7	991	366	6 347.54	5.4
柴油	10^4 t	1.5	1 825.7	1 216	13 300	6.3
发电量	10^8 kW・h	43	2 566	59	34 668.8	12.5

数据来源:1986 年、2009 年中国统计年鉴。

7　环境保护与治理力度日益加大

环境保护是近年来全国各地开始关注的问题。新中国成立初期，我国各个地区的环境保护意识不强，为了发展经济牺牲了我国宝贵的生态环境和资源。近年来，随着国家发展和环境的恶化，环境保护问题越来越突出，也开始得到人们越来越多的关注，环境保护和治理的力度也在进一步加大。

2008 年，工业废水排放达标率为 92.4%，比 2001 年提升了 7.2 个百分点（图 17）。

2008 年，全国工业二氧化硫排放达标率、工业烟尘排放达标率、工业粉尘排放达标率分别为 88.8%、89.3%、64.3%，比 2001 年分别提高 27.5 个百分点、22.3 个百分点、39.1 个百分点（图 18）。

2008 年，全国工业固体废物综合利用率与处置率分别为 64.3% 和 26.4%，比 2001 年分别提高 12.2 个百分点和 10.7 个百分点。"三废"综合利用产品产值达到 1 621.4 亿元，比 2001 年增长 2.7 倍（图 19）。

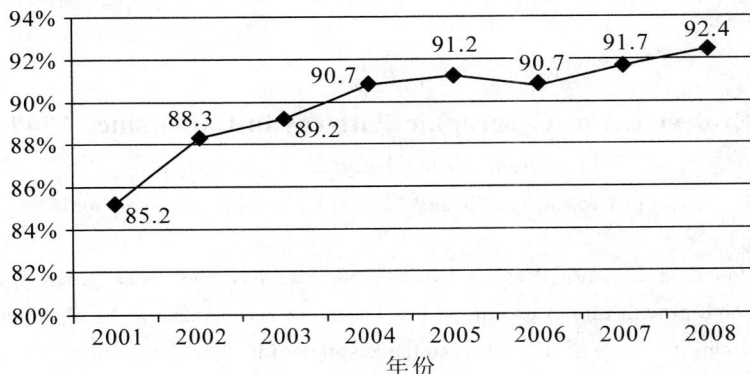

图 17　2001～2008 年中国工业废水排放达标率变化

Fig. 17　The variation of China's industrial exhaust water Emission standard rate reaching（2001～2008）

（数据来源：2002～2009 年中国统计年鉴）

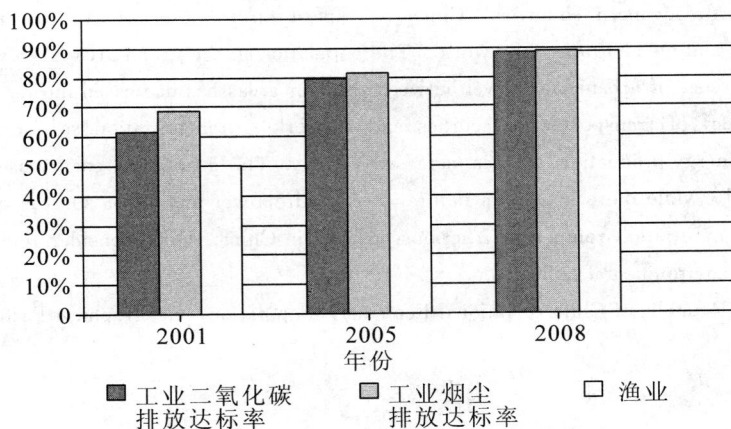

工业二氧化碳排放达标率　　工业烟尘排放达标率　　渔业

图 18　2001 年、2005 年、2008 年中国工业废气排放达标率变化

Fig. 18　The variation of China's industrial exhaust gas emission standard rate reaching（2001、2005、2008）

（数据来源：2002 年、2006 年、2009 年中国统计年鉴）

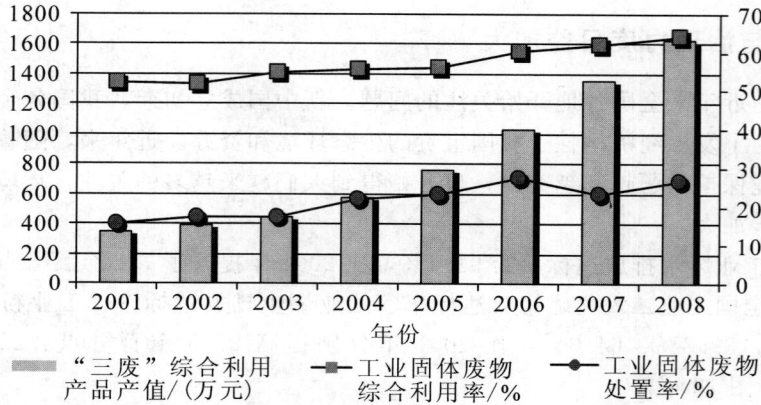

图 19 2001～2008 年中国工业废弃物排放达标率变化

Fig. 19 The variation of China's industrial waste Emission standard rate reaching（2001～2008）

（数据来源：2002～2009 年中国统计年鉴）

Evolvement of Geographic Patterns in China since 1949

Huasheng Zhu，Junyi Wu，Jing Fu

School of Geography，Beijing Normal University，Beijing 100875

Abstract：Since its founding in 1949，People's Republic of China has made great progress in the society and economy. Ongoing high growth rate of economy causes China to become one of the top three Countries in the world，as far as the absolute scale of GDP. Due to the adaption of industrial structure，China has turned from agricultural country into one of the most important manufacturing countries in the world. Foreign trade has grown rapidly，import and export volume of China in 2008 ranks the second in the world，and international status has thus significantly improved. However，the economic gap between its eastern area and the other three areas—the West，Central and Northeast—has tended to widen further. Although there is still a long way to catch up with advanced countries，China has speed up the process of urbanization since 1949，especially reforming and opening up to the world. The population in the urban area is growing continuously，and the spatial difference of urbanization level between the four areas has decreased during the past 60 years. With the development of transportation facilities and networks，transportation service capacity has been greatly enhanced. Energy production also has increased steadily. The situation of energy use depending heavily on coal has changed，while more and more natural gas，hydropower and other sources of energy has been used. Worsening of natural environment is a serious problem in China. Much consideration has been taken to control and manage environmental pollution.

Keywords：People's Republic of China，National Economy，Population，Geographical Patterns

京师区域地理
拾零

编者按：北京师范大学人文地理学一直注重综合野外实习，1980 年前后就在苏州上海一带建立了人文地理野外实习基地，北京师范大学区域人文地理实习不仅成为人文地理学科的重要教学环节，还积累了丰富的教学经验。为了更好地了解野外实习基地的选择初衷及教学活动的具体安排，笔者于 2008 年 6 月走访了有近十年野外实习教学实践经验的程连生教授，总结了程先生在区域人文地理实习方面的经验。

区域人文地理实习
——程连生教授访谈录

朱华晟，张　颖

北京师范大学地理学与遥感科学学院，北京　100875

1　人文地理学为何重视野外实习

地理学这个学科，不管是经济地理学或者是自然地理学，还是现在大的人文地理学，没有实习是不行的。地理学属于观察科学，观察科学依赖于实践，没有实践是不行的。无论计算机技术如何发展，地学领域的研究没有实践、不到野外实际调查，都是不行的。因此，地理不仅要学习理论，而且要同实验实践结合起来——这是我们当初决定开展人文地理学野外实习的根本原因。

举个例子来说明人文地理实习的意义。南方和北方在很多方面是不一样的，从布局、房屋和人的特征都能看出南北方的差异。从北到南，房子的屋檐结构有显著变化。内蒙古的房子屋顶都是平顶的，因为这里的雨少，房子的平顶可以晾晒东西。从北往南，房子开始有房基，主要因为雨水逐渐增多，这可以让积水排下来。越往南，房子的屋檐越陡，因为这可以增大屋檐的排水量。现在新建的许多现代化的楼房可能看不出差别，但这一南北差异在老房子上还是有一定体现的。南方房子的窗户较小，这是因为南方的天气较炎热，风大台风多。东北人通常高高壮壮，南方人大多瘦瘦小小，为什么？北方风大沙多，人体的热量发散较少，因此北方人粗壮。而南方夏天炎热，人体全身出汗消耗体力，因此南方人较瘦。南方湿润，日照不强烈，因此南方人皮肤细腻。

北方、南方的差异，就是因为自然环境的不同。观察可以让学生有更多感性的认识。因为地理学的学习，经验是很重要的，走的野外越多，所学到的越多。

2　为何选择苏州、上海一带为人文地理综合野外实习基地

苏州东山的实习从 1980 年开始，每年暑假前半个月开展。当初选择苏州、上海一带作为实习地点，主要是考虑到当时学生的构成中，北方学生居多。这些学生对于北方的自然人文环境比较熟悉，但是对于南方的环境不了解。

确定实习基地的时候，中国有几个经济新兴的大省：广东、福建，靠外汇、华侨发展起

作者简介：朱华晟(1974—　　)，男，副教授，主要研究领域为产业地理、区域经济。北京师范大学"区域地理国家级教学团队"成员。

来的；浙江，靠私营经济、个体经济发展起来的；江苏，靠乡镇企业（当时被称为社队企业）发展起来的，太湖附近的村子里，就有很多乡镇企业。

最终确定了江苏苏州东山为北京师范大学人文地理综合野外实习基地，原因在于苏州东山是个袖珍的地方，却看山有山，看水有水，还有平原，有棉花、稻田、油菜、果树等，亚热带的景观基本也都能见到。在这个袖珍的地方，学生能够看到农业、林业、水产、社会的发展，走得不远，但看的东西不少。

3　人文地理综合野外实习的"综合性"如何体现

野外实习中的"综合性"，首先体现在同一时期内人文地理、产业地理、文化地理等分支学科与自然地理相结合的综合训练。站在东山的山上，东山的自然、人文、社会的景观都能看到。当初实习的时候，适应自然环境的人文景观很明显：东山的房屋都是灰瓦，聚落为小村子，相比之下，北方都是大村子。为什么？因为北方是平原地区，水少，耕作半径大，所以村子很大，南方到处是水汊，耕作半径很小，所以为小村子。这就是由自然环境决定的。只要有综合的观点，就很容易将这种人文现象和自然环境挂上钩。

实际上，无论人文地理如何划分，生产是最重要的，也就是说经济地理部分是最重要的。因此，人文地理野外实习要综合，但也要有所侧重，我们当初就是把生产放在最重要的地位，文化的、社会的部分通过观察和老师的讲解实现。实习安排本身就是综合的，涵盖经济、产业、文化、土地利用等多个方面，综合性就是用综合的观点看问题。

4　野外实习的主要内容是什么

苏州—上海的实习，需要综合应用人文地理、自然地理的知识。人文地理的主要观察有三个内容：第一个内容是城市的布局。我们的实习将东山—苏州—上海三个区域结合起来，通过这条路线的实习，使学生对于长三角地区的自然、人文环境的了解不再局限于书本文字，而能具有感性认识。第二个内容是城市规划和城市建设。这方面的观察点主要在苏州和上海，前者是旅游城市，后者是全国最大的商业经济金融中心，实习的主要观察内容是城市是如何发展起来的、城市整体布局如何。第三个内容是产业。我们的实习安排一般包括轻工业和重工业两个行业。重工业主要是参观上海宝钢。实习初期，宝钢刚刚起步，当时上海并不缺钢，有上钢二厂、三厂、五厂等很多钢铁企业，从宏观布局上来看，社会上对于宝钢的建设以及再把宝钢布局在上海是否合理有很大的争议。我们的实习主要是观察宝钢的厂区布局，使学生认识到钢铁是如何从矿石冶炼出来的，增强其对钢铁生产流程的感性认识。

综合实习中，我们需要训练学生了解社会的信息、掌握有效的实习方法。实习在东山耗时最长，东山也是提供技术训练的最主要基地。主要的训练内容是东山的土地利用，训练科目主要是对土地进行分等定级。当初在实习中，我们把学生分派到各个村庄，让其绘出村子的土地等级图，并根据一些指标对村子的土地进行分级，进行橘子适生地的评价，把橘子适生地的等级在空间上落实，并绘出图。通常选用的指标包括：①离村的远近。和种稻田不同，橘子生长所需进行的管理工作很多，技术要求也较高——需要经常打药、照看等，离村子较近便于经营管理。②离水源的距离。离太湖的远近，就是离水源的远近。③坡向（阴坡还是阳坡）。一般来看，阴坡保存水分好点，阳坡比较干燥，因此阴坡、阳坡的果树结构不大一样。④高程。将这些指标综合起来考察土地的等级，最好的为一等地，最差的为四等地。完成这样一个评价后，学生在今后的工作中就知道如何进行实际项目的操作了。在各组同学完成的村落土地利用图基础上，最后将所有的图拼在一起绘出一幅总图——东山橘子适生地分布图等，并撰写一份报告。虽然东山的海拔并不高，仅二百多米，但在平原地区还是比较突出的，因此土地利用具有垂直变化：水域，稻田，东边海拔高度到 $50\sim60$ m 都是果树，西边果树种植的海拔高度一直到 $70\sim80$ m，这些都需要训练学生从区域自然地理环境的角度进行系统分析。

5　如何组织学生有效地进行人文地理实习

对学生进行分组，让他们进行分组实习，但注意控制不要让每组的学生人数过多，让小组中每个学生分别承担相应的工作，如打分、记录、观察、测量等，使每个学生都有锻炼的机会。解决点问题，对地理学的学习非常重要。尽管实习的内容大致相同，但是学生的感受和收获是有差异的。因此，实习结束时，每个学生都要提交一份实习报告，老师根据学生的实习态度、工作状况和实习报告质量对学生的实习状况进行综合评定。

Field Practice of Regional Human Geography
Huasheng Zhu，Ying Zhang

School of Geography，Beijing Normal University，Beijing 100875

文化地理学的教学与科研

周尚意[1]，任森厚[1]，唐晓峰[2]，王恩涌[2]

1. 北京师范大学地理学与遥感科学学院，北京　100875
2. 北京大学城市与环境学院，北京　100871

摘要：文化地理学既是 20 世纪 20 年代后出现的人文地理学重要流派[1]，也是人文地理学学科体系中的重要分支[2]。在中国，北京师范大学既是文化地理学的研究中心，也是文化地理学的教学中心。北京师范大学是全国第二个开设文化地理学课程的高校，近年来在文化地理学研究方面也取得了丰硕的成果。本文回顾了 1988 年以来北京师范大学文化地理学教学和科研的发展历程。北京师范大学的文化地理学教学分为两个时期，前一时期以引进国外文化地理学教学体系为主，后一时期以自主编写符合中国国情的教材为主。倚重野外实习，北京师范大学形成了独特的文化地理学教学模式。北京师范大学聘请北京大学的教授一同建设文化地理学课程，扩展了教学的思路，加强了教学的力量。在文化地理学研究上，北京师范大学集中在"文化景观的区域意义分析"和"城市社区文化的保持与演变"两个主题上。在 2003 年前的文化地理学研究是传统文化地理学的研究模式，其后开始接受新文化地理学的视角，方法论上也开始多元化。与此同时，研究工作以"人地关系"的纵向研究为主线，坚持了中国文化地理学的特色。基于这些梳理，北京师范大学未来文化地理学的教学将与研究密切结合，短期目标有二：发掘区域文化景观的意义生成理论；寻找不同区域尺度的文化地理学核心问题。希望通过努力，继续巩固北京师范大学作为中国文化地理学研究中心的地位。

关键词：文化地理学；回顾与展望；北京师范大学

1　文化地理学课程建设历程

1.1　课程开设历史

1986 年，王恩涌在北京大学率先开设"文化地理学"课程（全校选修），北京大学因此成为全国第一个开设"文化地理学"课程的高校①。从 1990 年起，北京师范大学成为第一个在地理学系开设"文化地理学"课程的高校。

1989 年，周尚意以"加拿大文化地理"为题申请到加拿大政府的 FEP 项目，并赴加拿大维多利亚大学、不列颠哥伦比亚大学、麦吉尔大学等大学进行学术访问。自 1990 年秋起，按照 FEP 项目的要求，周尚意在北京师范大学地理学系开设了三年"加拿大文化地理"课程（1990 年、1991 年、1992 年），该课程主要依托世界地理必修课程的北美部分讲授，1992 年，课程结束后由北京师范大学教务处和外事处联合向加拿大驻华大使馆提交了课程开设报告。

1992 年，北京师范大学地理系更名为资源环境科学系。1993 年，教学计划有了很大的

作者简介：周尚意（1960—　），女，教授，博士生导师。主要研究方向为人文地理学，从事文化地理学和资源环境经济学方面的研究。

① 王恩涌 1985 年在北京大学分校（现北京联合大学文理学院）首讲文化地理学。1986 年本文作者周尚意在北京大学选修了"文化地理学"。

调整，人文地理学课程的比例得到了提高。新教学计划将文化地理学列为选修课。从 1993 年秋到 1996 年，任森厚连续给四届本科生开设此课程。虽然是选修课，但是每届选课人数多达 50 人。1995 年，任森厚还给全校开设了"文化地理学"选修课程，听课人数有 300 多人，课程受到了学生的普遍欢迎。

1997 年，当时的资源与环境学院修订教学计划，这一轮新教学计划依然将"文化地理学"作为选修课，同时按照教育部教学指导委员会 1995 年的要求，将"人文地理学"设为必修课，其中包含文化地理学部分[①]。1997 年秋，周尚意给 94 级和 95 级合开"文化地理学"选修课程，选课人数约 80 人。自 1997 年起，周尚意主讲"人文地理学"课至今，期间王民担任了 1999 年秋的人文地理学课程的主讲教师。1998 年，学院邀请北京大学的王恩涌承担"人文地理学"课程中"文化地理学"部分的教学工作。随着学院社会文化地理学研究的深入，文化地理学选修课程也有迫切的教学需要，因此在 2005 年春季、2008 年春季聘请北京大学的唐晓峰为北京师范大学课程特聘教授，担任"文化地理学"课程主讲教师。2005 年是三届学生同时选课，选课人数多达 120 余人。2008 年是两届学生同时选课，上课人数约 80 人。

1.2　教材使用及教材建设

北京师范大学"文化地理学"课程的教材建设经历了两个时期。第一个时期（1990～1999 年）为引介国外教材的时期。1990 年开设"加拿大文化地理学"课程期间，主要参考了美国文化地理学专家 W. Zelinsky 编写的《美国文化地理》[3]的框架和《加拿大社会地理学》[4]。该课程体系已经与传统的国别地理有所不同，渗透了文化地理学的一些理论，尤其是文化景观理论。1993～1996 年，任森厚主讲的课程主要使用《人文镶嵌图：文化地理学主题介绍》一书[5]，以及王恩涌在北京大学开设文化地理学课程的讲义的基础上编著的《文化地理学导论》[6]，后又加入了《人文地理学》[7][②]和《地理学》[8]作为参考书。为了结合中国的国情介绍文化地理学，在 20 世纪 90 年代后期本课程又加入了关于中国区域文化的参考教材，如谢觉民的《人文地理学》[9]、沙学浚的《中国之永恒价值》（载《地理学论文集》）[10]和美国教授的《中国的地理基础》[11]。在此基础上，形成了适合人文社会学科院系本科生的"文化地理学公共课讲义"。该讲义对中国历史上分土、分民等问题作了一些讨论，也为第二时期教材建设提供了一些视角。

第二个时期（2000 年至今）为自主编写教材时期。在前一时期消化吸收国外教材的基础上，结合十几年的文化地理学研究，北京师范大学联合中山大学和华东师范大学，一起编著了《文化地理学》教材[12]。教材借鉴了国内外文化地理学的主要研究成果，以文化地理学研究主题为教材的基本框架，在各个章节中分别阐述了不同的人文社会科学理论和文化地理学研究方法。教材的特色是以中国的个案为分析主体，贴近中国读者，符合学生认知规律。教材部分章节介绍了文化地理学在实践领域的应用价值，这在国内文化地理学教材中是一个积极的探索。各章后面的案例及案例分析是对教材内容的有机补充，其编写意图是讲授文化地理学的研究方法，属于教学的弹性内容。教材分为 10 章，分别介绍文化地理学的发展轨迹、文化生态学、文化源地、文化传播、文化区、文化扩散、文化整合、文化的地方性、文化产品开发等内容。教材不但适合各类大专院校的师生，还是政府部门进行地方文化建设不可缺少的理论参考书。教材目前有西北大学、广州大学等 25 所大学作为"文化地理学"课程的指

---

① 教育部"十五"教材规划将《人文地理学》作为重点教材建设，由王恩涌主编，其中包括文化地理学。
② 王民等翻译了该书，并由北京师范大学出版社于 20 世纪 80 年代末出版。后因版权问题停止发行。

定教材。该教材的修订本已被列为教育部"十一五"规划教材。

唐晓峰开设的"文化地理学"课程以周尚意等编著的《文化地理学》作为主要教材。配合主要教材，也给学生开列了一些参考书，包括国内外学者的代表著作[13]，以求开阔学术视野，增加学术深度，并为那些愿意更深入地学习文化地理学理论的同学提供帮助。唐晓峰的课程融入了他在美国加州大学伯克莱校区的课程视角，但更强化了以中国的个案，尤其是以中国丰富的考古资料来说明文化地理学主题。这种教学使学生更容易理解中国文化具有的突出特征：在人与环境的关系中，中华文明发展出的一套和谐、审美的环境观。课程教育学生只有善于从精神、思想层面观察文化现象，才能领悟并继承这一中华文化的优秀传统，而树立"人地合和"的环境观，这在今天更具有十分重大的现实意义。

2　文化地理学研究

自 1988 年到 2008 年，北京师范大学文化地理学成果分为两类：文化景观的区域意义分析、城市社区文化的保持与演变。

2.1　文化景观的区域意义分析

传统文化地理学将景观作为研究主题之一[14,15]。在 20 世纪 80 年代，北京师范大学的文化景观研究只是一种静态意义的研究，例如在加拿大政府 FEP 项目支持下所做的一些景观分析、中国传统民间寺庙的研究、对中国城市的研究和对北京历史时期城市空间格局的研究[16~18]。这些研究受陈正祥《中国文化地理》的启发[19]，并延续了中国传统地理学研究的一些方法，例如文献方法。

新文化地理学发端于 20 世纪 70 年代的英美等国，并在 80 年代真正产生，它是 20 世纪后期出现的一种地理学科思潮，其特征之一是强调文化的变化。在欧美新文化地理学的影响下，我们的景观研究也开始加入新的内容[20]。新文化地理学也以文化景观作为研究对象，但是更注重文化景观的符号意义研究[21]。符号是人们头脑中的抽象理念，它可以蕴涵在文化景观之中。Yifu Tuan（段义孚）认为：符号具有一种反映事物整体的特性，它使人们想起一系列彼此联系的、相似的、隐喻的事物[22]。目前多数学者承认，文化景观具有符号意义，且同意这样的假设——"文化景观的符号意义已知"，且它们是静止不变的[21]。基于这样的假设，地理学家研究文化景观的分布，进而研究这些文化景观所反映的符号意义的分布，例如中国学者对虫神庙、龙王庙等文化景观分布的研究[16~18,23]。James Duncan 认为旧文化地理学是将文化作为一个事物而具体化，而并非作为一种过程。这种具体化使我们无法了解文化的社会学及心理学成分[24]。符号是人们头脑中的深层文化，其意义也应不断变化。"符号主义与文化景观"的作者站在新文化地理学的立场上，推翻了上面提到的假设，强调文化景观的符号意义也是在变化的。我们这些年在进行文化景观研究时，开始注重观察景观符号和社会进程的联系，并通过这些景观，把握区域文化的特点。

地标景观是最能体现区域文化的文化景观。在自然科学基金项目的支持下，我们将北京不同层次区域的地标选择出来，并分析了这些地标景观的符号意义变化[25,26]。地标是众多物质文化景观的一小部分，它与其他所有的物质文化景观一起构成了区域文化的符号系统。梳理这些文化景观、建构区域文化符号系统也是我们研究努力的目标。我们在北京市"十五"哲学与社会科学基金的支持下，以北京西城区为研究区域，对属于物质文化景观的不可移动文物进行了整理[27]，该整理不同于文物部门的历史价值、美学价值、科学价值的整理，更侧重空间意义的梳理[28]。通过符号意义系统的整理，我们创新地提出了"北京城区水脉"的空间景观轴，即"六海"区域，并将之作为西城区区域文化空间组织的核心[29,30]。该成果作为"西城文化兴区战略研究"课题的一部分，获得了北京市"十五"哲学社会科学优秀规划成果二等奖。区域文化景观也是区域文化资源的有形组成。我们将在西城课题中的一些方法拓展到全北京市的范围内，就区域文化资源，尤其是物质文化景观资源的空间覆盖力进行了划分，从而为旅游资源的开发定位提出了层次开发的依据[31]。

在研究物质文化景观时，我们还注重研究非物质文化景观。地名是最典型的非物质文化景观。我们研讨了在城市实体空间发展变化的过程中，如何保护这种非物质文化景观。其意义不仅是留住了区域非物质文化遗产，更重要的是留住了区域文化认同的空间要素[32,33]。该研究成果获得了民政部地名理论研讨会一等奖。

在研究文化景观的过程中，我们还摸索了基于景观观察的人文地理学空间分析方法[34,35]。从而把文化景观作为研究主题，推广到文化景观也可以作为研究其他文化地理学主题的切入点。通过文化景观的调查和分析，可以进行文化区划分、文化空间格局确定[36]、文化扩散研究[37]等。文化景观的研究甚至可以作为经济地理学空间分析的切入点，例如我们对北京敬老院空间分布的研究就是基于景观空间格局推演出来的[38~40]。而对老年人户外活动空间的景观格局分析，对城市老年户外空间建设提出了建设性的方案[41,42]。

2.2 城市社区文化的保持与演变

北京师范大学文化地理学研究的另一个领域是城市社区文化的保持与演变，其特色是以研究城市社区文化为主。缘起于 Alfred Hettner 的区域地理学派强调以区域为研究单元，该学派代表人物 R. Hartshorne 认为，任何一个"区域"都是独有的[43]，地理学要研究这种包含自然和人文要素的区域综合体。而在当代地理学中，"区域分析"已经成为一种地理学的学科范式(paradigm)，Thomas Samuel Kuhn 对范式的定义是：在一段时间里为实践共同体提供典型的问题和解答[44]。区域分析具有 David Harvey 所说的范式特点：包括世界的一个特殊图像，以及知觉经验的一种特定阐述[45]。这种范式既是地理学的分析视角，同时也成为其他学科经常借用的分析范式。文化的最小生产单元是社区，因此这是我们进行文化研究区域分析的基本切入点。

20 世纪 90 年代初期，北京师范大学最早的文化地理学研究就是从社区开始的。在加拿大政府 FEP 项目的支持下发表的《文化的保持与文化的变迁》[46]就是以加拿大重要城市的唐人街社区为区域单元，分析其文化保持与变迁的。在此之后的城市文化地理学基本上都是以社区为单元的。例如对北京牛街回族社区文化保持与地理因素之关系的研究[47~49]。在 2003 年以前，北京师范大学的城市社区文化研究主要是以传统的文献分析方法为主。最典型的是发表在历史学核心刊物上的历史时期北京城市社会空间结构的分析[50]，此外兼有一些野外调查数据。中国文化地理学另一个研究中心——中山大学的司徒尚纪老师与他的学生在2002 年发表了一篇综述性文章，总结了 2002 年之前中国文化地理学的发展，肯定了北京师范大学文化地理学的发展[51]。

2003 年是北京师范大学文化地理学研究的一个转折，该年年底由国家自然科学基金委资助的全国第一次人文地理学沙龙在南京大学召开。该沙龙邀请国内人文地理学各个领域的中年领军学者参加沙龙，并分别做主题报告。周尚意作为文化地理学领域的唯一代表参加了沙龙，并做了"英美文化研究与新文化地理学"的报告[52]。2003 年也是文化地理学研究方法转折的一年，受著名地理学家 Nigel Thrift"地理学之未来"[53]的启发，周尚意在该年中国地理学会人文地理学专业委员会年会上做了"重新认识人文地理学"的报告[54]，该报告指出，在众多的学科反思之中，人文地理学的反思有一个重要的口号，即"文化转向"(cultural turn)[55,56]。文化转向是人文地理学重视阐释方法的需要。此篇报告是那一年发表的"人文地理学者的任务：认识空间乎？解释空间乎?"[57]的姊妹篇。前者指出了文化地理学未来面临的挑战，后者提出了空间意义阐释在文化地理学研究中的重要性。在进行城市社区文化地理学研究时，我们也在摸索采用不同的研究方法。2005 年我们翻译了国际著名人文主义地理学家 Yifu Tuan 的名著《逃避主义》[58]，并初步探讨了人文主义方法在地理学上的特点[59]。

在大量借鉴国外研究概念、方法论的基础上，我们在探索中国特色的文化地理学研究上也做了尝试。吴传钧创新性地提出了"人地关系地域系统"研究，他认为"人地关系的研究关系到地理学本身的生存与发展，它是地理学的立足点，是地理工作者的用武之地，又是促使我们向前发展的最大动力"[60]。在进行城市社会文化空间研究时，我们也紧紧抓住人与自然关系的核心。2004～2006 年在自然科学基金的支持下，我们以北京为研究区域，探讨了城市实体空间(城市规划中也称物质空间)和社会文化空间的整合关系。我们提出小区域研究中应以"第二自然"作为人地关系研究链条中的一环，从而拓展了人地关系研究的领域。该研究从文化生产、文化积累和文化扩散三个方面讨论了实体空间与社会文化空间的相互关系。例如，城市如何依托作为实体空间的城市广场进行文化生产[61,62]，城市不同区域文化在建筑地标上进行积累的过程[25,26]，乡村文化依托公共空间进行文化生产的过程[63]。我们所做的一些个案研究表明，第二自然对城市社会文化空间的影响是或然的[64]。与此同时，我们还探讨了不同区域尺度中人地关系主题的差异[65]。

3　未来十年文化地理学学科建设展望

3.1　区域文化景观研究理论的发掘

首先，我们还将对文化景观研究做更深入的地理学分析。许多学科都将文化景观作为研究对象，地理学研究文化景观更强调文化景观的区域意义。文化景观是一个物质的实体，它之所以具有区域文化意义是因为一个区域的人们通过有形的景观，感知到其蕴涵的文化，进而成为可共享、可传承的区域文化。目前尚没有学者对这一领域进行系统的分析。我们计划以若干区域的文化景观为研究对象，分析这些文化景观是如何成为一个区域中人们认同的文化标志的。

关于区域文化景观的分析，目前多数学者还是用质性分析解释景观的文化意义，例如芬兰学者通过地图和制图发掘多功能景观的人文意义，即意象地图(mental map)和概念地图(concept map)[66]。我们不但要做质性研究，还要计划做景观的解析分析。解析方法具有理科分析的特点。有学者在对希腊爱琴海的文化景观进行分析时采用了这种分析思路，即将定量分析与质性分析相结合[67]，该篇文章的出彩之处是把景观分析分解为可视的—感知的—经验的(visual-cognitive-experiential)三个层面，从这三个层面分析人与自然的关系(biophysical-human interaction)。这是一个分析方法框架，按照这样的框架，作者将爱琴区域文化分解为地理特点(distinctive geography)、尺度与文化意义(scale and cultural meaning)、景观包含的特点(encompassing landscape characteristics)，以及上述各个方面的联系的再现。我们清楚地意识到，挖掘 Paul Claval 所说的区域文化景观的美学意义和诗学意义[68]不是我们功力可及的，所以联合其他学科的学者一起研究将是我们学科的推进途径。

文化的变迁与继承是文化的两个特性。文化景观及其区域意义也在变迁，如何在变迁中求得区域文化意义的保持，我们的研究将回答这个问题，并支撑文化地理学与社会实践接轨。2008 年 3 月过世的美国加州大学洛杉矶校区（UCLA）教授、新文化地理学领军人物 Denis Cosgrove 曾为《斯特拉波的文化地理学》[69]写过书评，他在书评中提到英美专著和教材对西方其他语言国家的影响[70]。我们中国的文化地理学发展应该说也受到英文文化地理学著作的影响，如果我们能在这个领域有所突破，我们将为文化地理学理论的发展作出有益的贡献。

3.2　寻找不同区域尺度的文化地理学核心问题

地理学家最常用的分析视角是区域比较。Hartshorne 认为，所谓一类区域是人们将具有一些相似特征的"区域"进行的归类，譬如美国的大草原、巴塔哥尼亚的草原、蒙古的草原有时被列为一类区域[43]。在进行这样的区域比较时，可以是类内比较，也可能是类间比较。人们认同世界上的区域在尺度上是多重的，这意味着世界由若干大区域组成，大区域又是由中区域组成，中区域由小区域组成，某个层次上的小区域与其上层的区域之间是个体与整体的关系。按照传统地志学的逻辑，这种关系是成立的。但是大区域和小区域之间的关系可能是组合关系，也可能是系统联系。例如行政区域可以分为不同尺度等级，下级行政区组成上级行政区，下级行政区还受上级行政区的管治。

无论小区域和大区域之间是组合关系，还是系统联系，地理学都需要对小区域进行研究。历史学界近年来也出现了小区域研究热。一些历史学家认为过去在研究历史的时候，"背后的理论预设实际是精英/民众、大传统/小传统、国家/社会的二元对立，现在则是把握二者的关系，理解二者如何共同建构一个地方社会，如何共享一种文化"[71]。Eric J. Hobsbawm 提倡"自下而上的历史"（history from below），或称"草根史学"（grassroots history）也不是仅要求学者停留在下层的、小区域的研究层面上。前一时期我们的文化地理学研究已经做了一些小区域的研究工作，今后在继续坚持进行小区域研究的同时，还要强调小区域研究与大区域研究的关联。这种联系不再仅仅是组合联系，而是系统相连。

目前国际上关于国家和国际尺度的文化地理学研究与人口地理学和政治地理学密切联系。例如，西班牙学者通过分析文化景观形成过程与国家认同过程的关系，分析文化遗产对国家政治地理学的作用力[72]。再如，新加坡大学学者在研究国家之间的关联系统时，从国家话语、文化概念和主观意识上进行了比较分析，他们发现未来不单可以用社会理论解释这样的关系，地理学也可以解释这种关系[73]。但是这些分析基本上不涉及不同尺度区域的文化之间的关系。而这将是我们今后努力的方向之一。在经济全球化的背景下，资源的共享与争夺是区域间、国家间、地区间的核心问题，伴随着这样的问题，还兼有文化的融合与冲突。在多元的文化世界中，民族间、宗教间的对立往往成为国家内部和国家间的政治问题，讨论这些问题也将使我们的文化地理学在更宏观的层面上为国家服务。

参考文献

[1] Peet R. Modern geographic thought [M]. Oxford：Blackwell，1998：10.

[2] Knox P L，Sallie A Marston. Human geography：places and regions in global context [M]. 3rd edition，Upper Saddle River(New Jersey)：Pearson Education，2004：Ⅶ.

[3] Zelinsky W. The cultural geography of the united states[M]. Revised Edition. Englewood Cliffs，

N. J.：Prentice-Hall，1992.

[4] Robinson G M. A social geography of Canada[M]. Toronto：Dundurn Press，1991.

[5] Terry G Jordan-Bychkov，Mona Domash. The human mosaic：a thematic introduction to cultural geography[M]. New York：Harper Collins College Publishers，1994.

[6] 王恩涌. 文化地理学导论[M]. 北京：高等教育出版社. 1991.

[7] De Blij H J，Alexander B Murphy. Human geography：culture，society，and space [M]. New York：Wiley，1993.

[8] De Blij H J，Peter O Muller. Geography：realms，regions，and concepts [M]. New York：Wiley，1997.

[9] 谢觉民. 人文地理学[M]. 北京：中国友谊出版公司，1991.

[10] 沙学浚. 地理学论文集[M]. 台北：台湾商务印书馆，1972.

[11] 葛德石(Gressey G B). 中国的地理基础[M]. 薛贻源，译. 台北：开明书店，1973.

[12] 周尚意，孔祥，朱竑. 文化地理学[M]. 北京：高等教育出版社，2004.

[13] 约翰斯顿 R J. 地理学与地理学家[M]. 唐晓峰，李平，叶冰，等译. 北京：商务印书馆，1999.

[14] Jerome Donald Fellmann，Arthur Getis，Judith Getis. Human geography：landscapes of human activities [M]. Boston：McGraw Hill，1999：35～54.

[15] 王恩涌，赵荣，张小林，等. 人文地理学[M]. 北京：高等教育出版社，2000：31～44.

[16] 周尚意，赵世瑜. 一种独特的文化景观中国民间寺庙[J]. 地理知识，1991(9)：23～24.

[17] 周尚意，赵世瑜. 中国民间寺庙[J]. 江汉论坛，1990，(8)：44～51.

[18] 周尚意. 元明清时期北京商业服务指向与城乡分界[J]. 北京师范大学学报，1999，(1)：83～92.

[19] 周尚意，赵世瑜. 文明的足下[J]. 读书，1985，(7)：24～34.

[20] 周尚意，赵航. 新文化地理学与文化景观研究[J]. 地域研究与开发，2004，23(7)：97～98.

[21] Lester B Rowntree，Margaret W Conkey. Symbolism and the cultural landscape[J]. Annals of the Association of American Geographers，1980，70(4)：459～474.

[22] Tuan Yifu. Topophilia：a study of environmental perception，attitudes，and values [M]. Englewood Cliffs，N. J.：Prentice Hall，1974：23.

[23] 陈正祥. 方志的地理学价值——八蜡庙之例[M]//陈正祥. 中国文化地理. 北京：生活·读书·新知三联书店，1983：50～57.

[24] Mitchell D. Cultural geography [M]. Oxford：Blackwell，2000：33～34.

[25] 王爱平，周尚意，张姝玥，等. 关于地区性地标景观感知和认同的研究[J]. 人文地理，2006，21(6)：124～128.

[26] 周尚意，徐亮，龙双双，等. 城市地标景观与城市文化[C]//刘川生，郑师渠. 2005 北京文化发展报告. 北京：同心出版社，2006：265～279.

[27] 周尚意. 特色鲜明的皇家建筑与园林[M]//傅华. 北京西城文化史. 北京：燕山出版社，2007：92～110.

[28] 赵世瑜，周尚意. 北京西城区地上不可移动文物资源评价及应用意义[C]//北京哲学社会科学规划办公室. 北京文化发展研究报告. 北京：同心出版社，2006：153～167

[29] 周尚意等. 西城区地上不可移动文物资源评价及应用意义[M]//楚国清，傅华. 北京西城文化的新视野. 北京：北京燕山出版社，2005：84～108.

[30] 周尚意，赵继敏，姜苗苗. 地上不可移动文物价值评价对古都文化空间格局保护的作用[J]. 旅游学刊，2008，21(8)：81～84.

[31] 周尚意，张凌. 提升展示京师文化资源的文化旅游业的辐射能力[C]//张泉，沈望舒. 2007 年北京文化发展报告. 北京：社会科学文献出版社，2007：112～126.

[32] 周尚意，吴莉萍，杨飞，等. 论城市实体空间变化与历史地名保护的关系[J]. 中国地名，2007，(1)：66～67.

[33] 赵世瑜，周尚意，吴莉萍. 北京地名文化保护[C]//刘川生，宋贵伦. 2006 北京文化发展报告. 北

京：文化艺术出版社，2007：307～325.

[34] 周尚意，王珏. 野外景观观察方法在文化区划分中的应用[J]. 地理教育，2002，(6)：19～20.

[35] 周尚意，朱明. 地名景观与北京旧水系——浅析以地名景观反推历史原貌的方法[J]. 中国方域，2002，(5)：33～35.

[36] 周尚意，姜苗苗，吴莉萍. 北京城区文化产业空间分布特征分析[J]. 北京师范大学学报，2006，(6)：127～133.

[37] 周尚意，左一鸥. 在京外来餐饮业的扩散分析[C]//刘川生. 文化发展报告. 北京：文化艺术出版社，2007：395～411.

[38] 周尚意，姜苗苗. 北京市敬老院空间可进入性分析[J]. 北京联合大学学报，2002，16(1)：21～25.

[39] 姜苗苗，周尚意，程志远. 影响城郊敬老院空间可进入性的因子分析[J]. 人口与经济，2002，(增刊)：118～121.

[40] 周尚意，范丽娜. 都市敬老院有多远[J]. 中国社会保障，2002，(2)：44～45.

[41] 周尚意，梁红梅，李亮. 城市老年人户外公共活动场所空间特征分析——以北京西城区各类老年人户外公共活动场所抽样调查为例[J]. 北京规划建设，2003，(6)：72～75.

[42] 周尚意，梁红梅，李亮. 城市老年人户外公共活动空间调查[J]. 中国社会保障，2002，(5)：42～43.

[43] 哈特向 R. 地理学的性质[M]. 叶光庭，译. 北京：商务印书馆，1996：489.

[44] 托马斯·库恩. 科学革命的结构[M]. 金吾伦，胡新和，译. 北京：北京大学出版社，2003：Ⅳ.

[45] 哈维 D. 地理学中的解释[M]. 高泳源，刘立华，蔡运龙，译. 北京：商务印书馆，1996：28.

[46] 周尚意. 文化的保持与文化的变迁——加拿大成功的启迪[M]. 长春：吉林教育出版社，1991：30～45.

[47] 周尚意. 现代大都市少数民族聚居区如何保持繁荣：从北京牛街回族聚居区空间特点引出的布局思考[J]. 北京社会科学，1997，45(1)：77～85.

[48] Wang Wenfei, Zhou Shangyi, Cindy Fan C. Growth and decline of muslim hui enclaves in beijing[J]. Eurasian Geography and Economics，2002，43(2)：104～122.

[49] 周尚意，朱立艾，王雯菲，等. 城市交通干线发展对少数民族社区演变的影响[J]. 北京社会科学，2002，68(4)：33～39.

[50] 赵世瑜，周尚意. 明清北京城市社会空间结构概说[J]. 史学月刊，2001，(2)：112～119.

[51] 江金波，司徒尚纪. 论我国文化地理学研究的前沿走向[J]. 人文地理，2002，(5)：49～54，59.

[52] 周尚意. 英美文化研究与新文化地理学[J]. 地理学报，2004，59(S)：162～166.

[53] Thrift N. The Future of Geography[J]. Geoforum，2002，(33)：291～298.

[54] 周尚意，王锋. 重新认识人文地理学[C]//孙峰华. 21 世纪的人文地理学[C]. 香港：香港新闻出版社，2003：31～37.

[55] Jameson Fredric. The cultural turn：selected writings on the Postmodern，1983～1998[M]. London，New York：Verso，1998.

[56] Ray Larry, Andrew Sayer. Culture and economy after the cultural turn [M]. London：Sage Publications，1999.

[57] 周尚意. 人文地理学者的任务：认识空间乎？解释空间乎？[J]. 地域开发与研究，2003，22(4)：27～28.

[58] Tuan Yifu. 逃避主义[M]. 周尚意，张春梅，译. 石家庄：河北教育出版社. 2005；台北：立绪文化事业有限公司，2006.

[59] 周尚意，张春梅. 从逃避主义透视人文主义地理学[C]//朱传耿，沈正平，孟召宜. 科学发展观与人文地理学研究新进展. 北京：科学出版社，2005：24～30.

[60] 吴传钧. 论地理学的研究核心——人地关系地域系统[J]. 经济地理，1991，(3)：1～6.

[61] 周尚意，张庆业，吴莉萍，等. 文化广场活动和文化广场建设[C]//陈文博，郑师渠. 北京文化发展报告(2003～2004). 北京：北京出版社，2005：261～292.

[62] 周尚意，吴莉萍，张庆业. 北京城区广场分布、辐射及其文化生产空间差异浅析[J]. 地域研究与开

发，2006，25(6)：19～23，32.

[63] 周尚意，龙君. 乡村公共空间与乡村文化建设：以河北唐山乡村公共空间为例[J]. 河北学刊，2003，23(2)：72～78.

[64] 周尚意，王海宁，范砾瑶. 交通廊道对城市社会空间的侵入作用：以德外大街改造过程为例[J]. 地理研究，2003，22(1)：96～104.

[65] 周尚意，张萌. 不同区域尺度中的人地关系探讨[J]. 地域研究与开发，2004，23(7)：1～5.

[66] Soini Katriina. Exploring human dimensions of multifunctional landscapes through mapping and map-making[J]. Landscape and Urban Planning，2001，57(3～4)：225～239.

[67] Terkenli T S. Towards a theory of the landscape：the Aegean landscape as a cultural image [J]. Landscape and Urban Planning，2001，57(3～4)：197～208.

[68] Claval Paul. Reading the rural landscapes [J]. Landscape and Urban Planning，2005，70(1～2)：9～19.

[69] Dueck Dueck，Hugh Lindsay，Sarah Pothecary. Strabo's cultural geography：the making of a Kolossourgia[C]. Cambridge：Cambridge University Press，2005.

[70] Cosgrove，Denis. Book Review：Daniel Dueck，Hugh Lindsay and Sarah Pothecary，Editors，Strabo's cultural geography：the making of a Kolossourgia，Cambridge University Press，Cambridge(2005)[J]. Journal of Historical Geography，2007，33(2)：439～441.

[71] 赵世瑜. 小历史与大历史：区域社会史的理念、方法与实践[M]. 北京：生活·读书·新知三联书店，2006：27.

[72] Joan Nogué，Joan Vicente. Landscape and national identity in Catalonia[J]. Political Geography，2004，23(2)：113～132.

[73] Eric C Thompson，Chulanee Thianthai，Irwan Hidayana. Culture and international imagination in Southeast Asia [J]. Political Geography，2007，26(3)：268～288.

Teaching and Research：Review and Perspective the Path of Cultural Geography in Beijing Normal University

Shangyi Zhou[1]，Senhou Ren[1]，Xiaofeng Tang[2]，Enyong Wang[2]

1. School of Geography，Beijing Normal University，Beijing 100875
2. School of Urban and Environment，Peking University，Beijing 100871

Abstract：Cultural geography emerged in 1920s as an important school in the modern geographic thoughts. It is also a branch of human geography in the systemic framework of geography. Beijing Normal University(BNU) is both a research center and a teaching center of cultural geography in China. It is the second university giving a course of cultural geography. Its research of cultural geography got rich achievements in recent years. The article reviews the path of the teaching and research on cultural geography in BNU. The progress of the teaching includes two periods. Introduction the cultural geography textbook and contents is the main task in the first period. To edit new textbook for fitting in with Chinese students is the aim of the second period. BNU has formed its own teaching pattern on cultural geography by emphasizing fieldwork. Some professors from Peking University joined the crew of cultural geography for teaching and research. The research of cultural geography in BNU focused on two fields in the past 20 years. One is the analysis of regional meaning of cultural landscapes. The second is the preservation and evolution of urban communities' culture. The research method before 2003 was the traditional way of cultural geography from C. Sauer. From then on, the viewangle of new cultural geography has been accepted by BNU's researchers. And the multi-methodologies were applied in their cultural geography. At the same time, the relationship of human and nature, which is called the characteristic of Chinese School of Geography, is the main topic in their work on cultural geography. Taking these works as fundament for the development of future, BNU is planning to combine its teaching and research of cultural geography more closely in the coming years. The aims of the coming decade are: Trying to find out the mechanism of the regional meaning's production for cultural landscapes, Find out the key issues among different scale's region of cultural geography. Keeping BNU as the center of teaching and research of cultural geography is the mission in the future.

Keywords: Cultural Geography, Review and Perspective, Beijing Normal University

编者按： 2009 年，北师大地理学与遥感科学学院接收了首届由应届本科生组成的地理教育专业硕士。针对教育硕士学制短、职业性等特点，学院首次开设了"地理教学方法前沿讲座"课程①。该课程的特点是突出前沿和综合性，采取小型讲座的形式，邀请多名教授及优秀中学教师依次开展专题讲座，力求达到课程的三个目的：第一，使学生接触地理学各个领域从而全面理解地理学；第二，向学生传达最前沿的教学理念和教学方法；第三，通过领略教授和中学优秀教师们的教学风范，从模仿中学习、领悟教学方法（表 1）。该课程经过一个学期的实施，取得了很好的效果，在研究生深入学习和思考的基础上，组织大家就区域地理教学方法进行交流和提炼，形成"笔谈区域地理教学方法"一文，通过集成和展示学生的学习成果，以期梳理出区域地理教学方法体系。

表 1　教师队伍及授课主题与方法

Tab. 1　Teaching Team, lecture topics and teaching methods

	主讲	主题	学科	教学方法
大学教授	王静爱 教授	地理教师与教学方法	课程负责	综合分析法
	王静爱 教授	中国地理课程教学方法改革	区域地理	网络、CAI 教学法
	赵 济 教授	中学地理课程教学改革问题探讨	区域地理	案例教学法
	王 民 教授	中国地理学会 2009 年学术会议	地理课程论	体验式教学法
	葛岳静 教授	经济全球化与世界经济的地理格局	区域地理	KAQ 启发式教学法
	刘慧平 教授	地理学研究方法与 GIS 空间分析方法	GIS/遥感	GIS 空间分析教学法
	杨胜天 教授	构建地理综合/创新实践模式	GIS/遥感	地理野外教学方法
	周尚意 教授	人文野外实习方法	人文地理	地理野外教学方法
	梁进社 教授	地方和区域	人文地理	地图手段教学法
	谢 云 教授	"人与气候"课堂教学示范	自然地理	探究式教学法
	刘宝元 教授	"人与土地"课堂教学示范	自然地理	互动式教学法
中学教师	孟胜修 教研员	地理教学基本功	中学地理	案例式教学法
	王 丽 特级教师	新课程中的教师与教法	中学地理	多种教学方法
	赵一如 高级教师	教师职业生涯建议	中学地理	互动式教学法
	金光泽 教师	北师大师范研究生的职业发展建议	中学地理	启发式教学法
	刘 珍 教师	高中地理教学心得	中学地理	案例式教学法

区域地理教学方法笔谈 *

2009 级地理教育专业硕士

北京师范大学地理学与遥感科学学院，北京　100875

区域地理教学方法是在进行区域地理教学时所采用的方法。区域地理教学方法体系的逻

① 课程主持人：王静爱，葛岳静；课程助理：邢晓明。

* 本文受"北京师范大学教师教育创新平台建设项目"资助。

辑关系是在"区域地理学科"、"区域地理技术"和"区域教学方法"三者的支撑下，实施的一系列教学方法(图1)，将这些方法适时、合理的应用于区域地理教学，能够达到很好的教学效果。

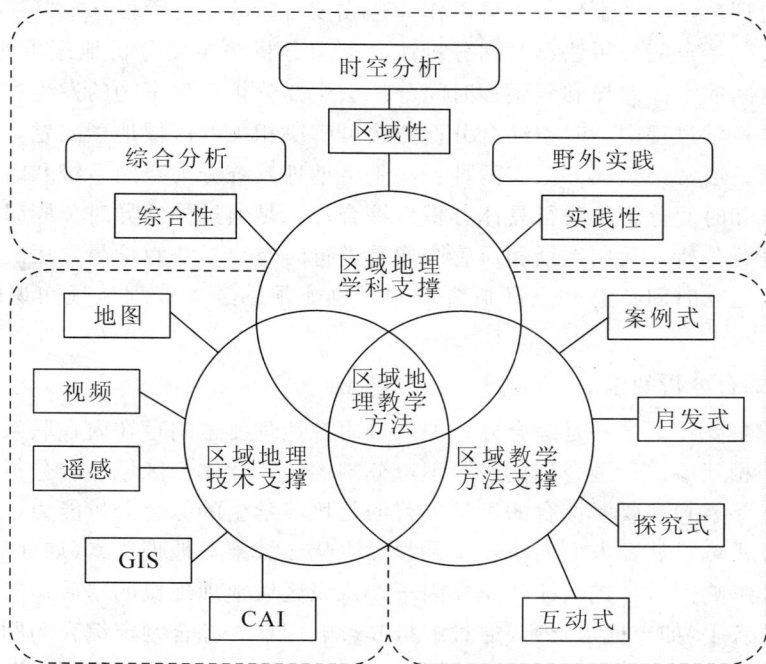

图 1　区域地理教学方法体系

Fig. 1　The Teaching method system of Regional Geography

1　依据区域地理学科特征所采用的教学方法

1.1　区域地理野外实践教学法(刘艳妮，教育硕士)

　　实践性是区域地理学的基本特征，实践教学历来在区域地理教学中占据重要地位。区域地理野外教学包括自然地理野外教学和人文地理野外教学，是学生充分接触大自然和人类社会的实践过程。这一教学过程有四个关键步骤：一是教学生亲自观察野外地理事物或现象；二是指导学生用简易仪器测量并获得地理现象的数据；三是与学生讨论课堂教学所讲到的相关内容，并加以印证；四是启发并鼓励学生产生原创"火花"和提出个人观点。学生在教师的指导下观察区域现象、综合分析区域内人地关系地域系统，从而发现区域问题，并最终运用相关理论解决区域发展问题，这些正是区域地理学的价值所在。

　　地理野外教学方法可以经常性地应用于课堂知识印证、乡土地理和探究式学习等教学环节。通过带领学生走进身边的社区、城市和大自然，让学生去发现自己感兴趣的区域问题，并鼓励学生将所学理论应用于社会实践中，这是对新课标"学习对生活有用的地理"理念的有力践行，同时也能够激发学生对地理学的兴趣，使学生的实践能力、创新能力、分析问题与解决问题的能力在不知不觉中得到提高。

1.2　区域地理时空分析教学法(张趣，教育硕士)

　　区域性是区域地理的主要特点之一。任何区域都是在三维空间中存在的，脱离了空间概念，区域便无从谈起。但区域地理学不仅研究地理事物的空间分布、结构、差异和空间联系，而且致力于揭示地理事物在空间上运动和变化的规律。因此，可以说时间同空间一起构成了地理学的两个基本维度。培养学生的时空观念是区域地理教学的重要目标，将时空分析法渗透于区域地理教学的各个环节中可以作为达成该目标的主要手段。

时空分析法包括空间分析法和时间分析法。空间分析法主要分析地理事物的空间分布、结构特征及事物间的空间差异和联系；时间分析法主要分析地理事物的发生、发展、演变及其特征。在具体教学过程中，时空综合分析方法可解决相关的区域地理问题，如时空分布和时空演变等问题。通常的教学方法有两种：一是将地理系统分为空间系统和时间系统，分别运用空间分析法和时间分析法进行具体分析后综合；二是通过同地异时、同时异地、异时异地等转换方法进行分析。运用地图和遥感图像是进行时空分析法教学最常用的手段，不仅能很好地帮助学生建立时间概念和空间概念，同时也能帮助学生梳理地理知识的系统结构与联系。

1.3　区域地理综合分析教学法(庄柳冰，教育硕士)

区域地理的主要特征之一是综合性，即区域内各地理要素间存在内在联系，经过这种长期的相互联系、相互渗透，融合形成一个不可分割的统一整体。区域综合分析过程就是一个从分析单一地理要素到多要素综合的过程，目的是培养学生的综合分析能力。

区域综合分析可以从四方面入手：一是教学生从区域某一地理要素(如地貌)入手，透过现象逐一分析其影响因素，进而抓住主导因子，认识区域地理现象的本质；二是教学生从某个综合地理问题入手(如土地退化)，通过解析其影响因素，综合判定综合问题的本质；三是教学生从地理结构入手，借助地图或遥感图像，逐一图层分析，最终得到对区域分异规律的认识；四是教学生从地理过程入手，通过不同要素的相互作用分析，认识区域发展的规律。

2　依据区域地理媒体特征所采用的教学方法

2.1　基于地图手段的区域地理教学方法(王荣，教育硕士)

区域地理教学中大量应用地图是本学科区别于其他学科的重要特征。区域地理具有综合性和区域性，培养学生的地理空间思维能力和有效分析区域、解决区域问题的能力是区域地理教学中两个非常重要的目的。

地图是地理学的第二语言，是对真实区域一种抽象的象征性表达，地图具有直观性和可测量性。区域地理教学离不开地图，无论是在课堂教学、野外教学、探究式学习还是在乡土地理教学中，地图都起着至关重要的作用。例如，通过阅读地图、填绘地图、编制地图等环节，可教会学生渐进式地识别、认识和掌握区域地理格局，培养其空间思维能力；利用地形图可进行从定位、定向、等值线对应地形印证，到高度、角度、坡度等的量测等技能的训练，帮助学生掌握区域地理技能，培养其地理野外实践能力。

2.2　基于视频手段的区域地理教学方法(黄瑶，教育硕士)

视频可记录某区域在一定时间内各地理要素的真实状态，具有真实性、完整性、动态性和综合性。这些特点可以辅助区域地理教学。

首先，视频手段用于课堂案例教学效果最好。这是因为区域地理讲述的是生动鲜活的现实区域，因此视频相比于地图、遥感、CAI 等是最容易获取的资源；同时这些身边的事物，最容易引起学生的共鸣，使学生对区域这一概念产生亲切的认识，激发学生兴趣，帮助学生理解知识内容，加深印象。其次，对于难以开展的野外教学，视频可在很大程度上弥补这一缺陷。利用视频虚拟野外，可以制造出身临其境的效果，此方法与地图、遥感等手段一起使用，更能突出区域地理特色。再次，视频手段用于组织教学效果更佳。由于视频在记录与教学内容相关的信息时，也会同时记录不相关信息，这就要求学生能够从纷繁的信息中，提取出重要的地理要素信息，这一过程可在潜移默化中锻炼学生提取信息、分析信息的能力。最后，视频的动态性对培养学生的时空概念和地理思维有很大帮助。

2.3　基于遥感手段的区域地理教学方法（刘冰，教育硕士）

遥感具有宏观、多光谱、多时相等方面的优势，它不仅可作为定量分析地理结构与过程的手段，而且还可借助图像系统（如 Google Earth）作为观察不同尺度区域的工具。例如利用 Google Earth，学生随着遥感图像比例尺的不断变化，能够直观地看到区域在宏观尺度和微观尺度中不同的相对位置和区域结构，从而建立起整体空间感。此外，由于遥感图像记录的是地物光谱信息，因此与地图相比，遥感图像更加真实，在区域"是什么"的问题上可以避免学生产生认识上的错误。同时，遥感图像包含着比普通地图更为丰富的信息，不仅可以获得区域的位置，而且区域内的各种自然、人文景观也同时显现，例如学生在学习地形时，也可以看到区域植被覆盖情况、城市化情况等，这有利于学生建立一种联系辩证的大局观，培养其区域综合能力。

2.4　基于 GIS 手段的区域地理教学方法（李倩，教育硕士）

区域地理既是自然地理与人文地理知识的逻辑起点，也是自然地理与人文地理知识的归宿。地理学最主要的特点是区域性和综合性，因此区域地理知识的结构整体性强，地域性特征典型。此外，区域地理的教学非常强调比较分析的方法。

利用 GIS 手段"分层提取与分析"区域专题信息和"分层叠加与综合"区域专题信息是区域地理教学中有效的教学方法。运用 GIS 手段可帮助学生建立地理单元空间与地理数据的联系，数字地图与多角度综合分析的联系，从而培养学生对区域地理过程的定量认识。GIS 技术还可以生动、形象、灵活地展示地理的知识点，为区域地理的教学开拓新的思路和视角，提高学习效率，拉近学生和地理信息之间的距离，对学生空间思维和形象思维能力的建立起到引导和推动的作用。但是在现在的学校中，GIS 技术的使用受到一些条件的限制。随着社会的进步和教育的发展，GIS 必定推进区域地理教育的现代化。

2.5　基于 CAI 手段的区域地理教学方法（夏菁，教育硕士）

计算机辅助教学（computer aided instruction，CAI）是在计算机辅助下进行的各种教学活动，它以互动方式进行教学内容讲解。信息与教法的高度综合使其非常适合区域地理的教学，尤其适合应用于自学环节。

CAI 的作用体现在：第一，CAI 可扩大教学的深度和广度。由于人地关系地域系统具有时空跨度大、综合性强的特点，大尺度的、瞬间的或长时间发生的地理现象是人们难以直接观察的。而利用 CAI 作为沟通媒介，可帮助学生观察、思考和多方开辟思维点，加快思维启迪速度。第二，CAI 可直观表达地理内容。CAI 是一个高度的集合体，它综合了地图、视频、遥感、动画等多种教学手段，将抽象的文字知识转化成易于学生理解的形式，直观地呈现给学生，符合学生认知规律。第三，CAI 照顾个性差异，便于重复学习。CAI 充分照顾了学生的个体差异，使学生可以自主控制学习进度，便于培养学生的参与意识和自主学习能力。同时，CAI 满足了学生对个性教学的需求，为培养学生的求异思维能力创造了最理想的条件。而且 CAI 可重复使用，可帮助学生巩固强化课堂所学，且有利于课前预习和课后复习等。教师指导学生利用 CAI 辅助区域地理教学的方式可以有"先导式"、"交互式"、"启发式"与"自学式"四种。最有效的教学体现在对区域地理景观的多角度呈现、区域地理结构的多平台呈现、区域地理过程的多时段呈现以及区域地理问题的多成因解说等方面。

3　依据区域地理教学特征所采用的教学方法

3.1　区域地理案例式教学方法（邢晓明，教育硕士）

案例教学方法可以简单理解为，教师引导学生对一个具体情境（事实、事件等）进行分析和讨论，并从中提取理论或验证理论、提出问题并解决问题的教学方法。区域是真实存在的三维空间，每一个区域都是由多种地理要素综合构成的人地关系地域系统，每个地域系统，都有它面临的问题，因此每个区域都是一个案例。

在区域地理教学中利用案例教学法的实质是通过一个区域实际发生的例子，说明相关的教学内容，这也是一个理论与区域实践相结合的教学过程。案例应用于区域地理教学有以下三方面的优势：第一，案例易获取。如前所述，每个区域及其问题都是鲜活的教学案例，选取学生身边的案例用于乡土地理教学、区域地理空间概念的培养等，可以起到激发学生主动性和积极性的效果。第二，通过案例培养区域地理技能。案例教学法一改"地方志"式的地理课程，以一个综合的区域为案例，将机械零散的知识集合于一个有代表性的区域中，将理论应用于实际问题，从而培养学生的区域地理意识、综合分析能力、发现区域问题和解决区域问题的能力。第三，人们对身边事物往往有更为深刻的理解，通过身边案例的学习，可培养学生的环境意识和爱家爱国的情感。

3.2　区域地理启发式教学法（臧静，教育硕士）

启发式教学法是与注入式教学法相对立的，是以学生的学习和发展为主体的。其基本精神就是充分调动学生的内在动机以及学生的主动性、积极性和创造性，提倡学生通过自己动脑、动口、动手去获取知识，这也是启发式教学原则的体现。启发式教学不仅在形式上凸显教师主导与学生主体的教学关系，更重要的是使学生认识到区域地理教学过程是一个不断启发与认识提升的过程。因此，启发式教学是区域地理教学中最重要的方法之一。最常用的启发式有：教师提问启发、教师引导启发、师生讨论启发、生生交互启发等。例如，在中国地理区划问题上，教师可以在课堂上提供给学生材料（关于经济的、水文的、气候的等），并且给出其现在常用的分区标准，引导学生根据自己的经验认识和观点，让同学们分组讨论提出每个小组认为合适的分区。

3.3　区域地理探究式教学法（姚冬萍，教育硕士）

在区域地理教学中，将探究式教学法与案例相结合是很好的方式。探究式教学方法的核心是指导学生用研究问题的思路，去探索和研究某一个专题，从而学会深入分析和提升认识。区域地理教学中，充满了需要探究的地理专题，其中有的专题可以从已知探究未知，也有的可以从未知探究已知，还有的可以从已知探究更多的已知，或从未知探究出更多的未知。在大学区域地理教学中，结合科研课题的教学，多采用探究式方法，例如对汶川 5·12大地震的探究；在中学区域地理教学中，结合研究性学习和讨论，也多采取这类方法，例如对中国北方沙尘暴成因的探究。

3.4 互动教学在区域地理中的应用（于芳，教育硕士）

互动式教学是现代教学法中最为关键而且被普遍要求的有效教学方法。在区域地理教学中应用频度很高，几乎贯穿地理教学的各个环节，如课堂的口头交互，课后的作业交互、网络交互等。它要求师生双向沟通，鼓励学生积极参与、反映和创造。在互动式教学中，通过问题导学、学生与学生交流、学生与教师交流等环节，充分调动学生的积极性和学习的兴趣，建立一种"新型的师生关系"。区域地理的互动式教学方法，有着十分特殊的作用，这种方法可以通过模拟区域论坛，以区域分组或分人展开地域人文/经济和自然地理综合问题的讨论与分析。互动教学对于激发学生的思维火花，创新能力的培养起着重要的作用。

Teaching methods for Regional geography

Graduate Class of 2013 Geography Education

School of Geography，Beijing Normal University，Beijing 100875

区域地理"渐进式"地图应用能力训练[*]

邢晓明[1,2]，王静爱[1,2]，王小燕[2]

1. 北京师范大学区域地理研究实验室，北京　100875
2. 北京师范大学地理学与遥感科学学院，北京　100875

摘要："渐进式"区域地理教学方法是"中国地理"课程在长时间的教学实践中探索出的具有区域地理特点的教学方法。认知遵循由简单到复杂的认知规律，从地理学角度来说，区域地理具有综合性，即遵循由单一要素到多要素综合的规律。将二者结合的"渐进式"学习，可以提高学生区域地理的识记能力、空间表达能力和综合分析能力。基于渐进式思想，结合地图应用能力训练特点，设计"渐进式"地图应用能力提升模式。并通过实例说明该模式在地图应用能力训练中如何应用及其效果。

关键字：区域地理；渐进式；教学方法；地图训练

　　北京师范大学的国家精品课程"中国地理"一直将培养具有综合能力的创新型人才作为基本的教学理念，并在不断地努力探索更为合理有效的教学教法。"渐进式"区域地理教学方法，就是"中国地理"课程在长时间的教学实践中探索出的具有区域地理特点的教学方法。将这种方法渗透到区域地理能力训练中，可以逐步培养学生的区域意识，提高区域综合分析能力、空间记忆能力、空间表达能力和创新能力。

　　地图是地理学的第二语言，也是学习地理学、理解地理学的重要手段和工具。良好的地图应用能力是学习地理学的基础。在我国中学地理课程标准中，也明确提出了学生要"掌握阅读和使用地图的基本技能"。而以往的地图教学研究更多地强调地图在教学中的工具性，即着眼于如何利用地图进行教学，却很少思考如何对学生的地图应用能力进行训练。本文试图通过介绍"中国地理"的地图应用能力训练，提出"渐进式"地图应用能力训练的基本模式及其背后的科学内涵。

1　"渐进式"地图应用能力训练的设计

1.1　渐进式思想和地图应用能力

　　区域地理具有综合性，重视时空对于区域的影响以及区域内各要素之间的相互联系。认识区域需经历由单一要素分析到多要素综合的过程；人类的认知遵循一种循序渐进的认识规律。当代建构主义者认为，对新知识的学习是基于已有的知识和经验，经过学习者主动建构而生成意义的过程，这也符合人们的一般感性认识——人对事物的认知，是由简单到复杂、由浅入深的。综合上述两点可以发现，区域认识的特点和人的认知规律具有一致性，将二者结合应用，就可以通过一个由简入繁的渐进过程达到区域综合分析能力的提升。

　　地图应用包括阅读地图、填绘地图和编制地图三个方面，每个方面都对学生提出了能力上的要求。在读图方面，希望学生具备综合分析地图的能力；在填图方面，希望学生具有空

---

　　* 本文受北京师范大学国家级精品课程"中国地理"项目资助。

　　作者简介：邢晓明(1987—　　)，女，2009 级教育硕士。

间定位和空间记忆能力；在编制地图方面，则提出了对创新能力的要求。这三方面能力都不可能通过一次或一步的训练达到，而是需要分解成递进的能力目标，进行渐进式的训练。

1.2 "渐进式"地图应用能力提升的模式

基于上述思考，为"渐进式"地图应用能力训练抽象出一个理论模式(图 1)。该模式由三个维度构成，分别是"地图训练渐进"、"信息复杂度渐进"和"地图应用能力提升"。在三个维度上，都加入了渐进的思想。

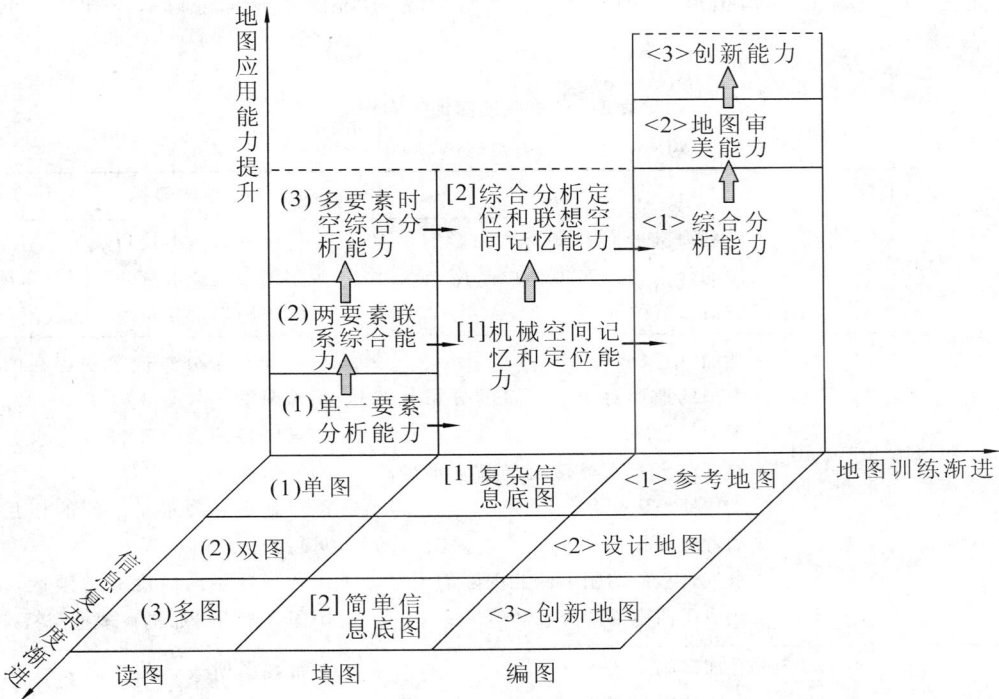

图中同样的编号具有对应性，如"(1)单图"地图训练对应的能力提升是"(1)单一要素空间分析能力"，余同

图 1 "渐进式"地图应用能力提升的三维度理论模式

Fig. 1　The three-dimension theoretical mode of progressive abilities improvement of map application

在图 1 所示"地图训练渐进"维度中，"读图训练"—"填图训练"—"编图训练"构成了一个渐进的能力训练梯度；图中"信息复杂度渐进"维度代表能力训练提供的地图包含着信息的复杂程度的渐进，如与"读图训练"相对应的地图信息，从单图到多图，所包含的信息复杂度逐渐提升，而与"填图训练"相对应的底图信息，其复杂程度则逐渐降低；图中"地图应用能力提升"维度表示通过前两个纬度的训练之后，学生将要实现何种能力的提升，以及这些能力之间的转化和提升关系。如"(1)单图"地图训练对应的能力提升是"(1)单一要素空间分析能力"，该能力处于能力提升维的最底部，是所有能力的基础；再如"<1>参考地图"对应的能力是"<1>综合分析能力"，该能力是通过前面多项能力的积累而来，同时是地图审美能力和创新能力的基础。

基于"渐进式"地图应用能力训练的理论模式，通过将其落实为具体的可操作的任务，形成"渐进式"地图应用能力训练的操作模式。读图的渐进模式是"单图—双图—多图"的训练，它的科学含义是区域地理要素具有关联性，学生在能力训练过程中进行的是一种"大脑叠加地图"的活动。填图的渐进模式是"变换底图",变换的目的是"简化底图信息",即通过变换底图上的地理要素将提供给学生填绘目标的信息逐渐简化,以达到填绘难度的提高。编图的操作模式是"提出编图目标—学生自由设计—总结设计思想",学生在实施编图的过程中就完成了"参考地图"—"设计地图"—"创新地图"的渐进式训练。

2 "渐进式"读图应用能力训练实例

"渐进式"读图应用能力训练实例,选取"中国年降水量"地图作为主图,依次对比阅读"中国地势图"、"中国人口密度分布图"及"中国年均温"等地图,分别进行双图和多图的阅读训练(表 1)。

表 1 渐进式读图训练实例
Tab. 1 An example of progressive map reading training

读图	任务	原理	目标
单图	阅读"中国年均降水量"图	• 受到海陆分布和夏季风的影响,中国的降水量分布遵循由东南向西北方向递减的规律	• 了解读图的基本技巧 • 观察出中国降水量的空间分布规律 • 了解中国降水分布规律的成因
双图	对比阅读"中国年均降水量"和"中国地势图"	• 叠加"中国地势图" • 中国的地形对于降水量的分布具有很大的影响 • 如天山水汽廊道使得局部降水量高于相邻地区 • 如青藏高原阻碍了从印度洋吹来的水汽,从而加剧了西北内陆的干旱,形成了西南部的降水高值区等	• 发现降水量分布规律中存在的局部特殊现象 • 探寻区域地形对于区域降水分布格局的影响 • 能对地形和降水量之间的相互关系进行分析 • 深入:联想同纬度其他地区,探寻中国降水量分布的一般性与特殊性
多图	对比阅读"中国年均降水量"、"中国地势图"、"中国年均温"和"人口密度分布图"四幅地图	• 叠加多幅地图 • 中国的人口密度分布特点是以胡焕庸线为界,东南部分稠密、西北部分稀疏。这种格局的形成主要受到中国地势、气温和水分条件的制约 • 在胡线的不同段,影响因素的制约程度不同。例如在爱辉—霍林河段,人口分布主要受到地形和温度的制约,在霍林河—榆林段,则主要受降水的制约	• 对每幅图所表达的地理要素空间规律有基本了解 • 通过比较分析,能够发现要素两两之间在空间分布上的联系 • 通过综合比较分析,能够发现多要素间的时空分布上的联系 • 探寻造成这种空间分布上紧密相关的科学原理和作用机制 • 深入:能够产生问题,并针对自己提出的问题进行有益的探索

3 "渐进式"填图应用能力训练实例

"渐进式"填图应用能力训练的例子是"填绘中国主要山脉",要求学生依次在"中国地形图"、"中国水系流域图"、"中国年均降水—气温图"和"中国行政区划—城市分布图"底图上填绘中国的主要山脉(表 2)。

表 2　渐进式填图训练实例

Tab. 2　An example of progressive map plotting training

底图	底图信息	原理	目标
中国地势图	直接地形信息	• 山脉名称与位置的空间对应	• 记忆主要的山脉名称并将名称与空间位置一一对应
中国水系流域图	间接地形信息	• 水系的排列分布形式与地质构造条件和地貌条件密切相关 • 山脉是河流水系的分水岭，决定水系的分布	• 利用水系分布确定基本的山脉位置 • 综合分析，填绘成图
中国气候要素图	无地形信息	• 山地对于气候有重要的影响 • 在地图上可表现为：在降水量或气温等值线密集的地方的气候要素变率越大，代表此处很有可能是重要的地理分界线，如高大的山脉或突然的地势转折	• 根据气候要素的分布特点确定重要地理分界线的位置 • 综合分析，填绘成图
中国行政区划和城市分布图	无地形信息	• 人类活动是受到自然环境的制约的 • 城市和山地的关系：如呼和浩特在阴山南麓；银川在贺兰山以东等 • 行政区划可以界定地形的相对位置，例如大兴安岭位于内蒙古东部	• 能利用行政区划图确定重要山地的相对位置 • 综合分析，填绘成图

4　"渐进式"编图应用能力训练实例

　　编制地图是一个全面综合的地图应用过程。它是在充分阅读众多参考地图，结合参考文献后，经过学生自选或自创分类体系、自创图例、绘制地图，最后得到一个限定目标的创新地图（图 2）。以编制中国地貌类型图为例，学生首先要了解中国的地貌类型和目前学术界对于中国地貌的分类体系，这就要求学生多方面查找文献和阅读众多的已有中国地貌图。在这些准备的基础上，思考自己将要选取何种分类方法和分类体系。接着就要设计地图，包括图例和页面的设计，这就要求学生在地图审美能力上进行自

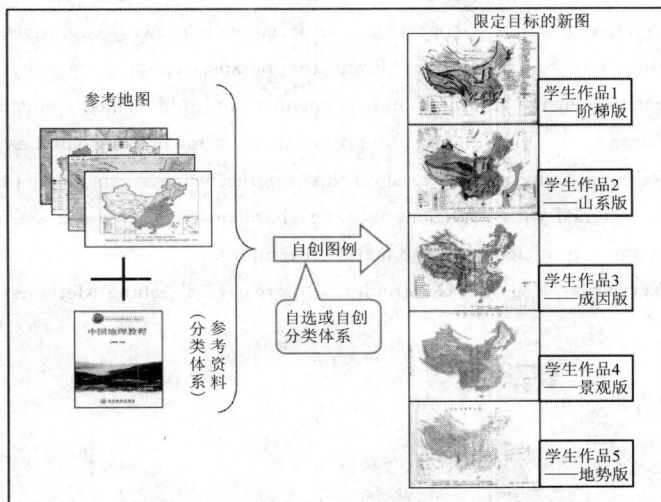

图 2　编制地图的过程

Fig. 2　Map-compilation process

我提升，设计出美观、直接和有效的图例，最后绘制成图。在任务设定上，不但要求学生上交绘制的地图成品，而且要求学生以书面文字形式反馈对地图的说明和绘制地图的思维过程、创新点等。文字的梳理本身也是学生对自己思维过程的审视和反省。

综上所述，"渐进式"地图应用能力训练是一种有效的能力提升方式。这种"渐进式"能力提升训练可以拓展到其他方面，如区域遥感识别与区域综合分析能力训练；也可渗透到多媒体技术及教学软件设计中，如设计出"渐进式"地图应用能力的自学软件；还可以尝试通过降低任务难度的方法，将"渐进式"地图应用能力训练融入中学区域地理教学中。

参考文献

[1] 王静爱. 中国地理教程[M]. 北京：高等教育出版社，2007.

[2] 王静爱，苏筠，贾慧聪. 国家精品课程"中国地理"的教学理念与建设[J]. 中国大学教学，2007，(6)：17~24.

[3] Rune Pettersson，Nikos Metallinos，Robert Muffoletto，et al. The use of verbo-visual information in teaching of geography：views from teachers [J]. Educational Technology Research and Development，1993，41(1)：101~111.

[4] 吴建新. 提高学生地图能力，构建地理认知新模式[J]. 上海教育科研，2009，(4)：83~84.

[5] 张桂兰. 如何运用地图教学培养学生的地图能力[J]. 中学地理教学参考，2006，(7)：31~32.

[6] 刘康. 强化地图认知辅助地理教学[J]. 地理教育，2009，(2)：63.

"Progressive" Development of Map Use Skills in Regional Geography

Xiaoming Xing[1,2] , Jingai Wang[1,2] , Xiaoyan Wang[2]

1. School of Geography，Beijing Normal University，Beijing 100875
2. Key Laboratory of Regional Geography，Beijing Normal University，Beijing 100875

Abstract："Progressive" teaching method of regional geography has been explored from the long-term teaching practice of China Geography. As it is well known, cognitive development is a progressive process from simplicity to complexity. From the perspective of geography, regional geography which followed by a comprehensive law that single element to multiple elements is comprehensive. Having a combination of them, "progressive" learning can improve students' memory, spatial skills and comprehensive analysis capabilities of Regional Geography. Based on this progressive idea, the mode of "Progressive" development of map use skills is designed with proficient training characteristics. We can see how to reply and the effect of the mode of training proficiency on the map by examples.

Keywords：Regional Geography，Progressive Teaching Methods，Map Use Skill

附录　2009 年北京师范大学"区域地理国家级教学团队"大事记

Appendix　Memorabilia of national teaching team of regional
geography of Beijing Normal University in 2009

举办第三次区域地理教学沙龙

1 月 14 日，由教学团队青年教师黄宇博士主持的第 3 次"区域地理教学沙龙"在学院 192 会议室举行。沙龙的主题为"师范生的区域地理素养"，是区域地理团队建设的重要组成部分。沙龙邀请到首都师范大学资源环境与旅游学院林培英教授、人民教育出版社（教育部课程教材教法研究所）地理编辑室丁尧清副研究员和北京教科院基础教育教学研究中心地理室高级教师李岩梅作为主讲专家出席，并与团队师生进行了广泛交流

教学团队召开年度总结大会

1 月 14 日，教学团队在学院 192 教室召开第 2 次工作会议暨 2008 年年终总结会议。王静爱教授主持会议，她报告了团队 2008 年工作状况，阐述了重大业绩奖励发放的办法。团队老师依次对自己一年来的工作总结做了详细的报告，畅谈了 2009 年工作的安排

2009 年 1 月

荣获省部级科学技术奖励

由杨胜天教授主持的"雅鲁藏布江水资源演变与水生态安全"项目荣获西藏自治区科学技术奖二等奖

出版《地理环境与民俗文化遗产》

由王静爱教授和小长谷有纪［日］等主编的《地理环境与民俗文化遗产——"自然环境与民俗地理学"中日国际学术研讨会论文集》由知识产权出版社正式出版。该书收录了中国、日本和蒙古等国的地理学、民俗学、社会学、环境学专业论文 44 篇，内容涉及自然环境与人类生存、自然遗产与文化遗产、资源利用与民俗知识、地理空间与民俗空间、环境演变与文化变迁、自然灾害与灾害民俗、区域环境与生态移民等

"十一五"国家级规划教材出版

王静爱教授作为第三主编的"十一五"国家级规划教材《资源科学导论》，由高等教育出版社正式出版

2009 年 2 月

考察华北平原冬小麦区旱灾

2 月 7～8 日，王静爱教授和青年教师岳耀杰、博士生贾慧聪一行 8 人，赴河北省邢台地区考察冬小麦旱情与灾情，依据考察资料参加撰写的"关于中国北方特大旱情及对农业影响的判断与应对建议"的报告，得到科技部部长万钢的批示

参加气候变化国际科学会议

3 月 7～16 日，团队青年教师叶瑜博士赴丹麦哥本哈根参加"Climate Change：Global Risks，Challenges & Decisions"国际科学会议

参加 Annual Meeting of the Association of American Geographers（AAG）

2009 年 3 月

3 月 22～27 日，王静爱教授和郝璐博士生出席在美国拉斯维加斯召开的 AAG 年会，做了关于"Disaster effect assessment and post-disaster response of Wenchuan Earthquake，China"的学术报告，并与 Rudi Hartmann、Greg Veeck、Chris Mayda 就中国地理教学、《中国和美国：中美地理对比》写作与出版等问题进行了详细讨论

续表

时间	内容
2009 年 3 月	**举办第四次区域地理教学沙龙** 3 月 18 日下午，由教学团队青年教师王志强博士主持的第 4 次"区域地理教学沙龙"在地遥学院会议室举行。沙龙的主题为"区域地理的野外技能"，野外技能是区域地理研究和教学的重要组成部分。邀请到北京大学城市与环境学院崔海亭教授、北京师范大学民俗学与社会发展研究所董晓萍教授和我院刘宝元教授作为主讲专家出席，并与团队师生进行广泛交流
2009 年 4 月	**赴上海师范大学交流** 4 月 22～23 日，王静爱教授应邀到上海师范大学旅游学院进行教学交流。她为全体师生做了题为"精品课程与教学团队建设"的专题报告；面向全学院的研究生，做了"在研究中学习——谈研究生培养创新"为题的报告；并以"教学、科研协调发展"为题，与地理系教师进行了深入沟通与交流
	多项本科基金项目获得批准 由团队教师杨胜天教授、宋金平教授、苏筠副教授、朱华晟副教授、黄大全讲师和岳耀杰讲师负责指导的 5 项本科基金项目获得批准。题目涉及：对照相法测量植被覆盖度的改进与标准化、汶川地震对北京公众灾害风险认知的影响、北京经济适用房建设与居住社会空间变化、校园安全风险识别与评估研究、北京城区工业外迁后的土地利用形式及效率研究、北京城区暂住人口带动的社会文化空间演替分析，受指导的本科生有买尔孜亚、谢静晗、李飞飞、江舸、赵娟娟、杨欢等 21 人
	《中国地图集》(大字版)出版 由杨春燕、王静爱教授承担文字撰写工作的《中国地图集》(大字版)由中国地图出版社正式出版。图集共有各类地图 190 多幅，文字说明约 18 万字
2009 年 5 月	**荣获三项北京市教育教学成果奖** 由吴殿廷教授，宋金平教授，苏筠副教授，葛岳静教授，王静爱教授完成的"区域分析与规划系列教材编写和课程建设"荣获北京市教育教学成果奖二等奖。由王静爱教授作为第二完成人的"灾害风险科学学科建设与创新性人才培养模式"荣获北京市教育教学成果奖一等奖。由葛岳静教授作为第三完成人的"创新性人才培养体系的构建与实践"荣获北京市教育教学成果奖特等奖
	审定周廷儒院士纪念网站 王静爱教授主持召开周廷儒院士纪念网站创作人员工作会议，审定网站内容与版面配置等，部署网站改进安排，为周廷儒院士诞辰 100 周年纪念会做充分准备
	青年教师出国培训 5 月 2～19 日，团队青年教师苏筠副教授赴德国中欧中心接受"灾害风险管理"培训
	参加青岛教学会议 5 月 16～17 日，王静爱教授、张建松博士生和本科生孔峰、潘雅静等出席了在中国海洋大学(青岛)召开的第三届地球科学课程报告论坛，并在人文地理与区域地理分会场做了关于"区域多源信息—多教学环节—师生双向反馈能力体系构建(Ⅱ)——可视空间信息采集与应用实践能力训练"的学术报告
	接待 Rudi Hartman 教授来访 5 月 20 日至 6 月 5 日，应教学团队邀请，美国科罗拉多州大学丹佛分校地理与环境科学学院教授 Rudi Hartmann 来华授课与交流。Rudi 在华期间，为我院本科生讲授《世界地理》课程四次，做了"区域地理教学与科研"讲座，并与王静爱教授、苏筠副教授、岳耀杰讲师讨论了《中国和美国：中美地理对比》书稿的内容和大纲

	开展教学交流 5 月 22 日，宋金平教授赴临沂师范学院开展"旅游规划的理论与实践"讲学
2009 年 5 月	**举办第五次区域地理教学沙龙** 5 月 22 日，由教学团队青年教师朱华晟博士主持的第 5 次"区域地理教学沙龙"在学院 192 会议室举行。沙龙的主题为"课堂教学艺术"。沙龙邀请到北京师范大学物理系梁灿彬教授、北京师范大学文学院康震教授作为主讲专家出席，并与团队师生进行广泛交流
	出席"全国经济地理研究会" 5 月 28～30 日，吴殿廷教授赴浙江嘉兴学院参加由全国经济地理研究会主办的"全国经济地理研究会第十三届学术年会暨金融危机背景下的中国区域经济发展研讨会"，并做报告
2009 年 6 月	**荣获"全国野外科技工作先进个人"称号** 6 月 16 日，刘宝元教授出席科技部组织召开的新中国成立以来首次野外科技工作会议，荣获"全国野外科技工作先进个人"称号。地理野外科技工作是获取第一手数据和资料的重要手段。刘宝元教授自 20 世纪 80 年代起，就辛勤奔走在祖国广袤的大地上考察土壤侵蚀及其影响因子，获得了大量第一手数据和资料，这成为他取得原始性创新成果的重要源泉
	举办第六次区域地理教学沙龙 6 月 23 日，由教学团队青年教师叶瑜博士主持的第 6 次"区域地理教学沙龙"在学院 180 会议室举行。沙龙的主题为"区域地理时间维角度自然与人文的融合"。沙龙邀请到北京大学城市与环境学院邓辉副教授、北京师范大学历史学院梅雪芹教授作为主讲专家出席，并与团队师生进行广泛交流
	课程开发获得资助 由团队青年教师黄宇博士主持的"免费师范生《环境教育》通识课程的开发"获得校级资助
	开展教学交流 方修琦教授赴宝鸡文理学院开展自然灾害方面的讲学
	《流域管理》课程被评为教育部双语教学示范课程 刘宝元教授主讲的《流域管理》课程被评为教育部双语教学示范课程
2009 年 7 月	**考察"海水资源化与利用技术"野外试验工作** 7 月 5 日，王静爱教授与博、硕士研究生一行 6 人赴河北黄骅海冰资源综合试验基地考察 863 项目"海冰资源化与利用技术"野外试验工作，对台田种植和浅池养殖提出了具体指导意见
	地理综合创新野外实习网建成 由杨胜天教授主持的"地理综合创新野外实习网"建成运行，网站包括：课程理论、数据获取、技术平台、序列监测、综合实习和成果展示等模块。"地理综合创新实习"以"3S"技术与地表定位观测技术为支撑，综合自然地理理论为指导，流域管理为研究对象，研究流域尺度的自然、人文地理问题
2009 年 8 月	**"十一五"国家级规划教材出版** 由王静爱教授(第一)、苏筠副教授(第三)和岳耀杰博士(第四)主编的"十一五"国家级规划教材《乡土地理教程》由北京师范大学出版社正式出版
	参加第 14 届国际历史地理学会议 8 月 20 日至 9 月 2 日，团队青年教师叶瑜博士赴日本京都参加第 14 届国际历史地理学会议

续表

2009 年 8 月	**青年教师出国进修** 团队青年教师朱华晟副教授在国家留学基金委资助下，赴美国杜克大学全球化、管治与竞争力研究中心（CGGC）开展为期一年的访问学习，主要研究全球价值链与产业集群 团队青年教师王志强在国家基金委的资助下，赴美国农业部土壤侵蚀研究所开展为期一年的访问学习，主要开展土壤侵蚀与土地生产力方面的研究
2009 年 9 月	**荣获两项国家级教育教学成果奖** 由葛岳静教授（第三）参加完成的"创新性人才培养体系的构建与实践"荣获国家级教育教学成果奖一等奖。由王静爱教授（第二）参加完成的"灾害风险科学学科建设与创新性人才培养模式"荣获国家级教育教学成果奖二等奖
	参加自然资源学会 2009 学术年会 10 月 9～11 日，王静爱教授，岳耀杰博士和博士生张化，本科生张粤、盛中尧赴上海师范大学参加"中国自然资源学会第六次全国会员代表大会暨学术年会"，本届年会主题为"谋划资源科学发展，加强资源安全保障"，王静爱教授当选学会理事。师生分别在"资源可持续利用与循环经济"、"海洋与海岸带资源保护与利用"和"农业资源高效利用与两型社会建设"分会场做学术报告
	《中国高等教育发展地图集》出版 由钟秉林教授任主编、王静爱教授任制图总设计的《中国高等教育发展地图集》由高等教育出版社正式出版。团队成员朱良副教授和苏筠副教授，以及区域地理研究实验室众多师生参编
	教学研究项目获得资助 由朱良副教授主持的"地理科学教师教育专业建设"和"教师教育网络课程建设项目——地理多媒体教学技术"分别获得北京师范大学教师教育学院和北京师范大学教务处资助
2009 年 10 月	**出席中国地理学会百年庆典** 10 月 17～19 日，中国地理学会百年庆典暨学术年会在北京召开。团队老师赵济教授、王静爱教授、葛岳静教授、杨胜天教授、方修琦教授、宋金平教授、朱良副教授、苏筠副教授、叶瑜博士、岳耀杰博士等出席了在人民大会堂举办的庆典开幕式
	教学团队老前辈荣获"中国地理科学成就奖" 教学团队老前辈赵济教授和张兰生教授喜获第二届"中国地理科学成就奖"。该奖项为表彰那些在我国地理学科研和教学工作中作出杰出贡献的科研人员和教育工作者而设立。首届"中国地理科学成就奖"在 2004 年于天津召开的中国地理学会第九次全国会员代表大会上颁发。本届共有 25 位地理学家获奖
	承办 2009 人文经济地理学大会 杨胜天教授主持由我校承办的 2009 人文经济地理学大会学术报告。葛岳静教授、王静爱教授出席大会并做分会场报告
	参加自然地理学大会等学术会议 多位团队老师和学生参加了由北京大学承办的 2009 自然地理学大会、中科院地理所承办的第四届全国地理学研究生学术年会和首都师范大学承办的 2009 地图遥感与地理信息系统大会
	两人获青年优秀论文 岳耀杰博士和王静爱教授指导的本科生邢晓明的论文被评为 2009 年学术年会青年优秀论文

续表

	纪念周廷儒教授诞辰 100 周年学术研讨会
	10 月 19 日下午，团队老师赵济教授、王静爱教授、葛岳静教授、杨胜天教授、方修琦教授、苏筠副教授、岳耀杰博士等参加"纪念周廷儒先生诞辰 100 周年学术研讨会"（中国地理学会百年庆典系列活动之一）。会上，王静爱教授宣布开通周廷儒院士纪念网，并演示了网站功能与内容，赵济教授、葛岳静教授先后发言缅怀周先生
	开展教学交流
	杨胜天教授赴贵州师范大学就喀斯特地区环境监测进行讲学
2009 年 10 月	**参加内蒙古地理学会成立 50 周年庆典**
	10 月 23～25 日，王静爱教授和博士生张建松、张化应邀赴呼和浩特内蒙古师范大学参加了"内蒙古地理学会成立 50 周年庆典暨 2009 学术年会"，做了题为"怎样当好一名大学地理教师——教书育人与团队建设"的报告
	网络课程建设获资助
	由葛岳静教授和青年教师黄宇博士主持的《世界地理》网络课程建设获得校级资助
	专业学位精品课程建设获资助
	由朱良副教授主持的"现代地理教育技术"获得北京师范大学专业学位精品课程资助
	推进"211 工程"三期建设项目工作
	王静爱教授布置推进"211 工程"三期建设项目"车载式水—土—气—生移动实验室"工作的全面展开
	出席第十届全国高师地理·旅游院（系）联席会议
	11 月 7～8 日，杨胜天教授出席由全国高师地理·旅游院（系）联席会主办、滁州学院承办、ESRI（中国）和滁州市旅游协会等单位协办的第十届全国高师地理·旅游院（系）联席会议，并做了题为"地理野外实践教学的地位与构建"的报告
	出席环境教育研究会议
	11 月 5 日和 17 日，团队青年教师黄宇博士分别参加了"第二届'两岸四地'环境教育论坛"（中国台北）和"第 10 届中日韩环境教育网络论坛暨研讨会"（日本名古屋），并做了教学研究报告
2009 年 11 月	**赴烟台鲁东大学做教学交流**
	11 月 12～14 日，王静爱教授和硕士生白媛赴山东烟台鲁东大学进行教学交流。王静爱教授做了题为"区域地理教学与团队建设"的学术报告，并与师生们进行了热烈的交流与讨论
	与我校经济管理学院教学交流
	11 月 22 日，王静爱教授应我校经济管理学院之邀，做了题为"精品课程与教学团队建设"的报告，交流了本科教学体会
	赴西安陕西师范大学做教学报告
	11 月 23～25 日，王静爱教授赴陕西师范大学出席教师教育论坛，做了题为"爱岗敬业、教书育人"的专题报告。之后为旅游与环境学院的研究生做了"学习与创新"的报告
	获教学研究项目资助
	由葛岳静教授主持的教学研究项目"普通高校人才培养模式研究"获得教育部资助

2009 年 11 月	**参加教学团队建设会议** 11 月 28～29 日，王静爱教授和岳耀杰博士一行赴郑州出席"高等学校教学团队建设与教师专业发展研讨会"，王静爱教授做了题为"区域地理国家级教学团队建设与思考"的报告，并与全国各地参会教师进行了交流
	"十一五"国家级规划教材出版 由吴殿廷教授（主编）、宋金平教授等编著的"十一五"国家级规划教材《区域经济学》（第 2 版）由科学出版社正式出版
2009 年 12 月	**举办第七次区域地理教学沙龙** 12 月 18 日下午，由教学团队朱良副教授主持的第 7 次"区域地理教学沙龙"在生地四教室举行。沙龙的主题为"区域的地图表达"。中国地图出版社徐根才总编辑、中国科学院地理科学与资源研究所齐清文研究员应邀做了主题报告，并与团队师生进行广泛交流
	与石油大学（北京）经济管理学院教学交流 12 月 19 日，王静爱教授应邀赴石油大学（北京）经济管理学院做教学报告，从学习与创新的角度谈研究生的培养
	出版《区域地理论丛（2008 年专辑）》 由王静爱教授任总主编、吴殿廷教授任执行主编、苏筠副教授任执行副主编的《区域地理论丛（2008 年专辑）》由北京师范大学出版社正式出版
	"211 工程"三期建设项目进展顺利 由王静爱教授主持的"211 工程"三期建设项目"车载式水—土—气—生移动实验室"按时完成 2009 年度设备购置工作，基本建成
	《中国地理图集》出版 由王静爱、左伟主编的《中国地理图集》（精装本）由中国地图出版社正式出版。该图集是 2005 年在全国高校中国地理教学研究会与中国地图出版社达成的合作出版全国高校教学参考用《中国地理图集》的协议精神基础上，历时 9 年编辑完成的